U0202061

独特的研究飞机

——空中飞行模拟器、飞行试验台和改型机的历史

著者　史蒂夫·马克曼
　　　比　尔·霍德尔
主译　赵江楠

西北工业大学出版社

作 者 名:Steve Markman & Bill Holder

作 品 名:ONE-OF-A-KIND RESEARCH AIRCRAFT — A HISTORY OF IN-FLIGHT SIMULATORS, TESTBEDS & PROTOTYPES

书 号:0-88740-797-8

Copyright © 1995 by Steve Markman & Bill Holder.

Library of Congress Catalog Number:95-67628

陕西省版权局著作权合同登记号:25-2013-229号

图书在版编目(CIP)数据

独特的研究飞机:空中飞行模拟器、飞行试验台和改型机的历史/(美)马克曼,(美)霍德尔著;赵江楠译 . —西安:西北工业大学出版社,2014.1
ISBN 978-7-5612-3890-5

Ⅰ.①独… Ⅱ.①马… ②霍… ③赵… Ⅲ.①航空器—飞行试验 Ⅳ.①V217

中国版本图书馆 CIP 数据核字(2013)第 310068 号

总 策 划:屈玉池
版权策划:王凤亭 刘军仓
出 版 人:肖亚辉
出版策划:晁祥林 雷 军 王育林
责任编辑:李阿盟 张立功 李品阳
责任校对:马江平 白向丽 丁 峰 闫晓婧 李 丹
责任印制:卞 浩
编 务:尚晓瑜 李 敏
出版发行:西北工业大学出版社
通信地址:西安市友谊西路 127 号 邮编:710072
电 话:(029)88493844 88491757
网 址:www.nwpup.com
印 刷 者:陕西宝石兰印务有限责任公司
开 本:889 mm×1 194 mm 1/16
印 张:13.75
字 数:325 千字
版 次:2014 年 1 月第 1 版 2014 年 1 月第 1 次印刷
定 价:150.00 元

著 者 序

　　这本书是怎么写出来的呢？说来话长，但实际上又很简单。20 世纪 70 年代初，我还是一名刚踏出校门的年轻的航空航天工程师。那时，我有一份新工作，并和自己心爱的人成立了小家庭，对未来充满了梦想。其中的一个梦想就是，有一天我要拥有一架二战时期的歼击机，我遥想着二战时期的那些日子。我还阅读了大量的航空杂志（当然，我拥有大量的时间），尤其是有关二战时期各种伟大的歼击机和轰炸机的杂志。我以前在许多文章上总见到这个名字——比尔·霍德尔。在比尔的笔下，那些老式飞机仿佛重获了新生，我似乎跳进了驾驶舱，把手放在了驾驶杆上。我不知从哪里知道了比尔也住在代顿市，也在莱特-帕特森空军基地工作。我们很可能在过去几年中多次面对面地走过，但却都没有注意到对方。

　　当我意识到我不可能拥有那架"野马"或"霹雳"飞机的时候，我的兴趣终于发生了转变。我的工作最终使我进入了令人痴迷的飞行试验领域——不是作为一名飞行员，而是作为空军空中飞行模拟器飞机机队的项目负责人。这项工作使我经常去国内和国外的飞行试验中心、飞机制造厂和改装中心。在飞行试验行业内我看见了许多为试验项目而改装的飞机，也碰见了许多可爱的人。

　　我经常在图书馆和书店浏览各种航空书籍。有关 X-1，X-15 和 X-29 的书籍很多，但我几乎没有看见过介绍我所见过的许多其他飞机的书籍。我常常想，人们错失了给世界讲述这些有魅力的故事的大好机会。虽然我喜欢写作，但感到编写这样的书是我力所不能及的。

　　现在再跳回到 1990 年。一个星期五的晚上，我正从华盛顿飞往代顿市。我调整了一下坐姿，使自己更舒服一点儿。我偶然注意到坐在我旁边的那位先生的公文包，上面的名字是比尔·霍德尔。我最终鼓起了勇气，问道："请问，您是航空作家比尔·霍德尔吗？"长话短说，他显然就是比尔·霍德尔。我们几乎谈论了一路，我还说了写书的想法。比尔对这个想法很感兴趣。当抵达目的地的时候，我们已经草拟了一个大纲，我们要把书写出来。剩下的事就都可以想象出来了。

史蒂夫·马克曼

NASA 兰利研究中心是研究机的最大用户之一,图中所展示的是它的试验机机群。

译 者 序

　　航空科技是百年来始终保持最快发展势头的为数不多的前沿科技之一。除了强劲的军事和民用需求的推动之外，与航空科技从一开始就采取了一条合乎自然逻辑的发展道路不无关系。显而易见，广袤无垠的蓝天蕴藏着几乎无穷无尽的军事和商业利益，推动了对飞机的需求，吸引了无数的国家资源和私人资本倾注其中，注定了飞机工业成为高速创新的行业。但是，仅有需求是不够的，还必须解决飞机研制的"高风险"问题：飞机的任何系统、部件甚至一个零件的故障或失效都有可能造成机毁人亡的灾难性后果；高风险的另一个方面来自高速创新带来的高不确定性和低技术成熟度，这些技术性高风险有可能导致项目夭折，以至企业亏损，甚至使国家政治和军事战略受挫……因此，将"高风险"降低到最低程度对航空工业的发展是至关重要的。

　　航空工业的先辈们谙熟工程技术中的辩证法，从一开始就摸索建立并逐渐完善出一条符合认知客观规律的飞机研发道路，充分使用各种各样的试验飞机开展飞行试验验证，从而将飞机研发的"高风险"降低到了可以接受的程度。

　　试验飞机是为完成特定的飞行验证、研究、发展或探索目的而专门设计、制造的新飞机，或专门改装的现有飞机。它们装备有各种测试设备来获取任务所需要的全部数据。飞机工程的复杂性、千变万化的飞行试验验证项目造就了种类和数量都极为繁多的试验飞机，因此，每一架试验飞机都独具特色。世界航空强国无一例外都研制和使用了大量的试验飞机，美国、俄罗斯（苏联）两国都研制和使用过数以千计的试验飞机。从这个意义上说，世界上每一架成功的飞机，都离不开试验飞机的支持！

　　关于试验飞机的称谓和分类，不同国家、不同学者和不同出版物有所不同，例如，研究机、试验机、技术验证机、飞行实验室、飞行试验台、X 系列飞机，以及本书中分类的空中飞行模拟器、试验台飞机和原型机，等等。显然为了便于理解和使用，合理的分类是有益而必要的。

　　试验飞机的根本目的或用途是"飞行验证"，而被"验证"的研究或技术有深与浅、精与粗、尖端与一般之分，软（知识）与硬（系统和构型）之别。因此，依据试验飞机的功能结合被验证对象的属性进行分类比较合乎逻辑，也便于使用。我国航空界将一切非正常服役于军事和民用航空的飞机定义为试验飞机，并分为三大类。

　　1.研究机

　　研究机是以探索与未知时/空飞行有关的物理现象并获取相关知识，验证重大航空科学理论或创新技术为目的的专用飞机。这种飞机的"包线"远超当时存在的任何飞机，不可能通过改装现有飞机来获得，一般需要进行专门的设计和制造，例如，美国的 X 系列研究机和苏联的一系列空气动力研究机等。

2.技术验证机/系统试验机

技术验证机/系统试验机是以验证/演示和产品研发密切相关的航空应用科技,如新概念、新材料、新系统/设备等等,为目的的专用飞机。这种飞机一般可以通过对现有飞机的加/改装来获得,是应用最广泛、数量最大的一类试验机。其名称可以方便地冠以具体的"技术"进行分类,如推力矢量技术验证机、隐身技术验证机、电/光传操纵技术验证机、自动空中加油技术验证机等。相当一部分的原型飞机也可以看成是这一类飞机。

3.空中实验室

空中实验室是针对某些具有相对较大通用试验要求,又允许被分离和独立进行飞行发展试验的对象,如航空发动机、航空电子/雷达等,而专门改装的现有飞机(一般为大型轰炸/运输类飞机)。它们有充足的空间可以配备非常完善的测试设备,能对系统进行复杂而全面的测试、试验和调整,俨然构成了一个天空中的"实验室"。如空中飞行模拟器、发动机飞行试验台、雷达电子试验机、空中弹射试验机、失重飞行实验室和空中结冰试验机等,均属这一类。

试验飞机是航空科学和技术发展的"活化石",每一架试验飞机都是某个时代/时期某种航空科技的探索努力和最新成果的全息载体。从这个意义上说,试验飞机又是航空工业创新能力和水平的一个准确的指示器。研究各国试验飞机及其发展史是了解、学习和借鉴外国的创新动力、发展策略、技术思想、经验教训乃至具体细节的一种有效的方法和快捷的途径。

史蒂夫·马克曼和比尔·霍德尔所著的《独特的研究飞机——空中飞行模拟器、飞行试验台和改型机的历史》是一部独特而非常有趣的书。细心的读者甚至可以从文中体察到不时流露出来的美国式幽默。作者认为有失公允的是书架上充斥着介绍 X 系列研究机的书,而大量的技术验证机和飞行实验室等试验飞机为一代代新飞机的诞生做着实质性的贡献,却被埋没而鲜为人知。因此,他们特意将本书的主题瞄准为 X 系列研究机以外的各种试验机。这就为我们全面了解美国的研究/试验飞机的筹划、设计、改装、应用以及在推进美国航空工业快速发展中所起的作用,提供了非常丰富而翔实的材料。

要对书中丰富的内涵做个简单的概括并不容易,但是我们还是可以发现一些特别需要学习和借鉴的东西。

1.经济效益——永恒的主导和追求

在试验机的建设上,处处体现出美国对经济效益的极端追求,其"抠门"的程度和节俭的效果不能不使人感叹和钦佩。例如,一架 B-52,20 世纪 60 年代就被改装成飞行载荷试验机(载荷减轻/模态稳定),其研究结果使机翼疲劳损伤减小了 50%。接着又相继改成主动控制试验机、随控布局试验机,这架老旧、庞大的战略轰炸机甚至装上两组鸭翼——使它居然能超过其设计颤振速度。最后于 1994 年又在机上装满了炸药并加以引爆,为试验民机抗炸弹和疲劳破坏的生存力而"壮烈地"献出了它的"生命"。该机前后服役 30 多年，真正做到了物尽其用！

2. 不求虚名、但求实效的务实精神

这是一种力量和财富，也是中国现时很缺乏的东西。其实，美国人在试验机的建设上就像穿着 T 恤衫逛世界一样，行事的准则是，不管多"破烂"、多老旧、多没卖相，只要能解决问题、管用就是好东西。例如，普林斯顿大学用 20 世纪 40 年代的古老通用飞机那维昂(Navion)(北美飞机公司)研制成的飞行控制研究用空中飞行模拟器，证明了有价值的军用研究并非必须用昂贵的军用研究机不可。该试验机从 20 世纪 60 年代研制一直用到 80 年代初，为美国海军、空军和 NASA 完成了许多研究项目，包括 STOL 进场、侧力控制/装置、带动力升力的纵向操纵品质、飞机横向动力学等。一直到 1995 年该飞机仍然保持着广泛的研究价值和专项培训能力。又如，NASA 德莱顿飞行研究中心用 PA-30 小型商用机改装成变稳飞机、系统试验机等，完成了大量先进的研究项目，同样证明了用"简单"的小型试验机可以进行既经济又可靠的研究和飞行试验。

3. 无处不在的创新精神

美国的试验机家族，满载着世界航空史上具有划时代意义的首创或并列首创的成就。例如，突破"音障"、"高超音障"、空中飞行模拟器、电传操纵、超临界机翼等等。创新，首先表现在"思想的解放"：能提出奇特精妙的新概念，其次，表现在创新概念能迅速得到支持、试验和发展的环境。这两方面美国处理得非常好。创新不仅反映在大的方面，例如，波音 720 大型客机真实坠机试验，在全世界都是绝无仅有的。FAA 和德莱顿飞行研究中心提出试验的本身就是一个大胆的创举，其切实可行的技术方案更是一本创新的连环画：无人机技术遥控进场坠机、定点损毁、防雾化燃油、假乘客……创新也反映在试验机研制/试验具体技术之中，例如，为了用 NT-33A 空中飞行模拟器评价 X-15 高超声速研究机再入时的操纵品质，通过"欺骗"飞行员来完成模拟：戴上头罩隔离参考环境，仅靠仪表飞行。专门设计的 NT-33A 时变增益函数来模拟 X-15 的动态特性。妙不可言的是，为了模拟 X-15 持续拉起时的过载，计算机让 NT-33A 缓慢倾斜转弯，但飞行员的姿态仪表指示的却是水平拉起！

4. 敢于承担的勇敢精神

试验飞机是先行者，风险高。飞行安全无疑成为项目人员最关心的一个问题。但是，无论如何细致和科学地准备，"冒险"总是必需的。不同安全策略的效率和结果自然不同。如 ASTRA"鹰"变稳飞机 1986 年首飞，但到 1990 年英国皇家空军帝国试飞员学校才在教学中使用，保守的英国人担心安全，限制前座飞行员(学员)不得进行真实的着陆。直到学校积累了一点经验，管理机构有了信心后才取消了这条限制。又如，对于电子系统可靠性和人类操作员关系，美国人和英国人的理念是不同的。美国人赋予安全飞行员最高权限，使空中飞行模拟器一般工作到着陆接地。

5. 高度协同的大团队精神

试验飞机和任何复杂的系统工程一样，如果把概念的提出人、需求的开发人、项目的发起人、项目的决策人、项目的执行人和项目受益人(用户或用户群)等等看作是一个广义的大团队,那么这个团队持续一致的高度协同将可能成为试验飞机一生的功败垂成的决定因素。从书中我们看到,军方、民航权威、研究机构、院校、制造厂商等,无论在这个大团队中扮演什么角色,都基本上呈现出一幅友好协作的画面。

相信这本书的翻译和出版对于我国的航空界必定有所裨益,各类读者,不论是设计人员、试验/试飞人员,还是管理人员,都可以从中找到自己感兴趣的内容并使工作从中有所受益。同时,也可以激发广大航空爱好者对于"飞行试验"的强烈兴趣,并引发其无限的憧憬。上述愿望的实现也就是对本书编译者们所付出的大量艰辛努力的最好褒奖。

本书的编译出版离不开很多人的辛勤努力,在此对他们表示最衷心的感谢!首先要感谢我国飞行试验领域的著名专家周自全、寿圣德和王启先生,他们仔细审校了全书,对其中诸多专业技术问题提出了富有见地的修订意见;其次,要感谢西北工业大学出版社的工作人员,是他们帮助协调了版权问题,并负责了本书的最终出版。最后,向奋斗在我国试验机建设和飞行试验领域的广大科技人员和试飞员致以崇高的敬意。

赵江楠

2013 年 10 月

前　　言

　　飞行研究是飞机设计过程中一个不可缺少和不可分割的部分。如果不是献身于航空事业的人们——他们发展并完善了飞机设计的新理念,然后在真实飞机上试验这些新理念——现在的飞机可能还与最初的莱特兄弟的飞机一样。人们研制了许多种型号的飞机来试验各种新的设计。设计和制造的一些飞机是要演示一种特别的新技术的可行性。这些飞机就是X系列研究飞机,例如X-1,X-15和X-29等。如果没有这些飞机,许多新设计思想就还只能停留在纸面上。这些飞机演示了技术的巨大突破,人们已经撰写了许多书籍来记录这些飞机的贡献。

　　还有许多鲜为人知和很少被认可的试验机对飞行研究也做出了重大的贡献。这些飞机就是飞行试验台和空中飞行模拟器。它们试验新材料,验证新气动外形,试验新飞行控制概念,确定和验证飞行品质,并研制新型的驾驶舱显示器和控制装置。这些飞机对新型飞机的设计做出了重要的贡献。甚至在许多X系列飞机还没有飞行之前,它们的个别零部件或系统就已经在其他研究飞机上进行了飞行。

　　X系列飞机总是会点燃我们的热情,总是会成为头条新闻和各种"炫耀"的书名。虽然在飞机研究和试验界都知道研究飞机,但公众对它们却知之甚少。此书就是写给这些飞机的。此书收录的飞机所做出的贡献一点都不逊色,它们在航空技术发展史上占有非常重要的历史地位。现在,总算是有一本书来记录它们的辉煌历史了。

　　可惜的是,这本书所记录的研究飞机并不完全。在过去的许多年中还有许多这样的研究飞机,如果您有这方面的信息,或您个人有与本书中任何一架飞机打交道的经历,请通过出版商与任何一位作者联系。可以肯定的是,有了您的帮助,我们可以写出这本书的更多卷本。

航空航天顾问:

莫理斯·A.奥斯特盖德

目　　录

引　言

　　试验飞机（Test Aircraft）已不是什么新东西了——从第一架飞机飞上天空就有了试验飞机。说真的，第一架飞机就是一架试验飞机。谁也保证不了它能飞起来——必须有人把它飞到空中去试一试。莱特兄弟的第一架有动力飞机，兰利研究中心的滑翔机"利林塔尔号"，以及在莱特兄弟之前的其他飞机都是试验飞机，用来试验飞机设计者们的想法。

　　当今的现代生产型飞机 F-15 和波音 767 等，都是根据第一架带动力飞机进行的时而缓慢、时而迅速的发展而得来的。这个发展过程中的一个最重要的部分就是使用了试验飞机来研发和验证新能力。有许多书都介绍了诸如 X-1 和 X-5 这样的试验飞机，它们在技术上取得了巨大的飞跃。这些试验飞机展示了技术上的巨大突破，证明了飞机可以飞得比声速快；这些试验飞机把人们带到了天空的边缘；它们表明，航空技术发展的步伐可以迈得更大一些，这些飞机为以后采用了它们所验证的技术的生产型飞机铺平了道路。这些飞机被设计用来验证一些跨越性的技术，通常在演示验证了这种技术上的"飞跃"之后它们就退休了。设计者和飞行员就转到应对其他挑战上了。它们在博物馆的辉煌展览中当之无愧地占有一定的地位，在历史书籍中当之无愧地占有辉煌的篇章。

　　但是，还有一些鲜为人知的试验飞机，它们几乎没有演示技术的飞跃，而是进行着日复一日的研究，每次只有一点儿收获，一点一点地开拓包线，为新的生产型飞机或其他要做出"飞跃"的试验飞机铺平道路。这些飞机用来试验新材料，验证新气动外形，试验新飞行控制概念，确定合适的飞行品质，并研制新型的驾驶舱显示器。它们做着普通的工作，但却很少获得它们在机库中有名伙伴那样的名声。这本书就是要介绍这些飞机。

　　本书中的飞机与其他试验机的一个重大差别是，这些飞机原来都是生产型飞机，被改装成了飞行试验台、技术验证机或空中飞行模拟器。这些飞机为了一项特别技术的改进，按需要进行了改装，完成了试验之后又被改装，以进行其他研究。许多飞机都使用了几十年。除了技术杂志外，罕有著作介绍过这些飞机，但是它们所做的研究却构成了大部分新飞机所依赖的数据库。本书是第一次面向普通读者讲述这些独特研究飞机的故事。

第一部分
空中飞行模拟器

您是否想象过驾驶一架还没有制造出来的新型飞机是什么情景呢？它会怎样飞行呢？它只是往右滚转，还是动作很陡峭，亦或是反应太迟缓？飞行员开始进行着陆拉平的时候它是否下降得太快？遇到紊流的时候是否会失去控制呢？

在某种程度上，飞机设计人员所使用的分析技术可以回答这些问题。然而，这些分析技术却遗忘了一个最重要的问题：飞行员与飞机的相互作用是怎样的？如果把有人驾驶飞机看作一个完整的系统，飞行员就是其中最不可预测的部分。没有两个飞行员是完全一样的。任何一名飞行员的反应都会因为各种因素而发生变化——飞行经历的长短，面对的危险，头一天晚上睡眠时间的长短，甚至是他的夫人是否对他发脾气了，等等。

飞行模拟器可以帮助飞机设计者通过把飞行员纳入到设计过程中，对不同飞行员的能力进行补偿。在飞行模拟器上，飞行员坐在模拟的驾驶舱中，通过计算机生成的视景系统看世界，通过一个对飞行员操纵输入做出响应而移动驾驶舱的复杂的运动系统来感觉飞机的运动。就像在真实飞机上一样，飞行员体验飞行特性并进行评估，评估飞行特性是好、是坏或是介于二者之间。许多新型飞机设计都使用飞行模拟器进行过评估，在飞机制造之前发现了许多问题，从而节省了大量的资金。

尽管这种先进技术使飞行员感觉就像在一架真实飞机中，但有一件事飞行模拟器仍旧不能做到——使飞行员确信他真的就在飞行。经验证明，飞行员驾驶飞行模拟器与驾驶飞机是不同的，这是因为他们知道，即便是用力摔到"跑道"上或在"空中"与另一架飞机相撞，也不会损坏"飞机"，也不会受伤。由于飞行员知道自己不会受伤，因此，他们在驾驶飞行模拟器的时候很松弛，与驾驶一架真实飞机相比，他们有更多机会来纠正问题，到万不得已的时候才会采取纠正措施。

有许多这样的例子：在进行了大量的飞行模拟之后，实际飞行中还是遇到了完全未曾预料到的问题。原因是飞行员太松弛了，以致在模拟飞行中没有发现问题。飞行员必须敢作敢为，而且敢于采取急剧陡峭的动作，才能使细微的飞行问题显现出来。一个非常松弛的飞行员通常不会发现细微的问题。

因此，要利用空中飞行模拟器来进行模拟。什么是空中飞行模拟器呢？它是一类非常特殊的研究飞机，其飞行特性可以改变，改变成与另一架飞机的飞行特性一致。正如使用飞行模拟器一样，我们可以用空中飞行模拟器模拟还没有制造出来的飞机的飞行特性。这种还没有造出来的飞机可以是正在设计的特殊飞机，也可以是理论上的"画在纸上的飞机",仅仅是为了研究的目的而对它进行评估。空中飞行模拟器克服了地面飞行模拟器的三种最大限制:第一,飞行员看见了驾驶舱外的真实的三维世界,而不是计算机所生成的平面图像;第二,运动是真实和持续的,而不是在地面所感觉到的有限的运动;第三,他知道他身处于真实飞机上,任何错误都可能会造成飞机损坏、人员受伤或更糟糕的结果。飞行员驾驶一架空中飞行模拟器就是驾驶一架真实飞机,要做出相应的飞行动作。

在空中飞行模拟器上执行的特殊任务大致可以分为四类。

· 新型飞机的飞行前评估:在新型飞机首飞前,要在空中飞行模拟器上进行模拟飞行,寻找以前没有发现的飞行品质方面的问题。如果没有发现这方面的问题,设计者和试飞员对新型设计的信心就会增加;如果发现了问题,就可以使用空中飞行模拟器找出解决的方法,并立即进行试验验证。

· 研究和研制:在飞机飞行控制、显示器研制和人的因素方面进行一般性研究,甚至用空中飞行模拟器进行医学研究。另外,在设计阶段的早期,在设计冻结之前提前对设计概念进行评估。这时,要进行设计更改是最容易的,也是成本最低的,从而支持新型飞机的研制。

· 特殊训练:用空中飞行模拟器进行航天飞机的宇航员和新试飞员的常规训练。使用空中飞行模拟器来学习飞行航天飞机成本又低又安全。在空中飞行模拟器上感受航天飞机飞行特性比起在首次进行航天飞机飞行时才找到真实感觉要强得多。

· 飞行实验室:因为大多数的空中飞行模拟器都装有各种测试设备,所以,它们是进行新设备和新思想试验的理想平台。

有关空中飞行模拟器如何工作的详细阐述不在本书的范围内。但是,简单地说,飞行员的驾驶杆输入进入到一台计算机中,在这台计算机中编入了被模拟飞机的飞行特性的程序。计算机计算出被模拟飞机对飞行员输入的响应,并移动空中飞行模拟器的舵面来产生所期望的运动。

空中飞行模拟器也必须有操纵杆或操纵盘和方向舵脚蹬,其力特性可以变化,来模仿驾驶被评估飞机时的感觉。这些都完成了之后,空中飞行模拟器对飞行员指令的响应与被评估飞机做出的响应方式就一致了。

但是,改变还不仅如此,还需要对驾驶舱进行布置,尽量来模仿驾驶舱环境和仪表显示。在一些空中飞行模拟器上,可以对仪表进行重新布置,或者对电子显示仪表进行编程,从而提供特殊的图像。在驾驶舱中可以安装大小合适的操纵杆或操纵盘,舱盖也可以遮盖起来,以产生与驾驶舱外一致的视觉。

大多数的空中飞行模拟器都至少有两名飞行员:一位是评估飞行员,操纵被模拟飞机的驾驶系统,另一位是安全飞行员,操纵空中飞行模拟器自身的操纵系统(当然,这两套操纵系统是不能同时发挥作用的)。如果评估飞行员驾驶被模拟飞机有困难,安全飞行员可接管操纵。如果安全飞行员接管了操纵,他驾驶的就是空中飞行模拟器本身,而不是被模拟的飞机。因此,对新的未知设计或有问题的设计可以进行安全的模拟。

从 20 世纪 50 年代初期以来,人们就一直在使用空中飞行模拟器。几乎所有的空中飞行模拟器都是从生产型飞机发展而来的,而这些生产型飞机已经具有了所需的性能和强度,可以进行改装,从而加入新的性能。虽然在飞机设计和飞行试验行业以外人们对空中飞行模拟器知之甚少,但空中飞行模拟器是设计人员的得力工具,并且在未来将一直被继续应用。

VISTA/NF－16D 变稳空中飞行模拟器

飞机型号:F－16D

任务:空中飞行模拟

使用期:1993 年—

负责机构:俄亥俄州莱特-帕特森空军基地莱特实验室

承包商:洛克希德公司,卡尔斯潘公司

　　变稳空中飞行模拟器试验机(即 VISTA)是一种新型的空中飞行模拟器,可以模拟最先进战斗机的性能,是用一架生产型 F－16D 改装的。VISTA 具有多种 F－16 改型机的生产特点,再加上用户设计的一套复杂变稳系统,使 VISTA 的飞行特性可以进行多种改变。

　　VISTA 的研制历史可以至少追溯到 20 世纪 60 年代,那时已经确定需要更换 NT－33 空中飞行模拟器。NT－33A 的性能不能代表当时正在服役的最新式战斗机,也不能代表将要研制的新型战斗机。另外,T－33 机群的未来也不能确定,没有库存支持的飞机是很难运作的,耗费巨大(具有讽刺意义的是,NT－33A 在 25 年后仍在使用)。在 20 世纪 70 年代早期人们进行了一些研究,要研制一种 NT－33A 的替代机,甚至有人提出了 F－4 空中飞行模拟器的概念。不幸的是,有限的研制经费使这个项目又沉睡了 10 年。

　　到了 1983 年,空军最终面对这样一个事实,必须更换 NT－33A。莱特实验室被委以重任,开始进行研究,1985 年研究结束,项目选用了 F－16 飞机。首先进行了概念设计,确定飞机可以进行所需的改装,也能够执行所需的任务。空军战术空中司令部"捐赠"了一个还没有生产出来的机身,因此,VISTA 可以从 F－16 的组装线上开始制造。设计和生产主合同于 1986 年签给了通用动力公司的福特·沃尔斯分部(1992 年被洛克希德公司收购),位于纽约州布法罗市的卡尔斯潘公司为子承包商,负责变稳系统的设计工作。

对这架 F－16 所做的 VISTA 改装是最复杂的改装(美国空军提供照片)。

在改装成空中飞行模拟器之前，这架飞机还曾改装为具有攻击性的 MATV 构型，
增加了机动能力（美国空军提供照片）。

机身设计综合了其他生产型飞机的不同特点，其中保留了大的机背外壳、大质量的起落架和数字飞控计算机。航炮、鼓形弹箱和许多不需要的防御系统都被去掉了，安装了大容量的液压泵和较大型的液压管线。在前座椅上安装了由自身数字计算机控制的可编程中央操纵杆。变稳系统设计的核心是三台罗尔姆·鹰数字计算机，这些计算机可确定被模拟飞机的运动和产生飞机运动的 VISTA 舵面的运动。为了改变飞行特性和接通前座椅的控制装置，在后座椅上安装了可进入计算机的控制装置。大量的自动安全监控设备可随时监控 VISTA 的运动，并在接近潜在危险条件的时候，立即把飞行控制交回到后座的安全飞行员手中。

美国空军于 1988 年批准了最终设计，随后开始生产。但是，就像项目研制经常出现的情况一样，经费的有限使飞机的能力大大地缩水了。虽然 VISTA 的许多能力都远远超过了 NT-33A，但还是有其他很多有用的功能不得不"砍掉"。但是，设计人员还是为这些被"砍掉"的功能保留了接口，他们是这样构想的：等以后有了经费的时候，可以把这些功能系统再增加进去。

VISTA 于 1992 年 4 月的某天首飞，首飞原计划在当天上午的晚些时候进行，但一直拖延到了下午的晚些时候。虽然飞机已经准备完毕，飞机上的红、白、蓝色图案非常醒目，最终的飞行还是延迟了，只是因为喷漆车间不签字认可飞机的喷漆已经完成。在位于德克萨斯州福特·沃尔斯的洛克希德工厂进行了五次检查飞行之后，项目遭遇了第一次重大挫折。当年的剩余经费和下一年的经费被收回了。这是由上一级司令部发出的指示。因此，莱特实验室别无选择，只能把项目搁置起来。

但是，就像命中注定一样，莱特实验室的另一个项目要加速进行了，而这个项目需要一架 F-16D 飞机作为试验机,时间刚好是 VISTA 项目中断的那段时间。通用电气公司已经研制好了一个发动机喷管,这个喷管可以把发动机的推力在推力轴的任何方向上最多偏转达 17°(这样在飞机的尾部产生高达 4 000 lbf(1 lbf= 4.45 N)的向上、向下或侧向的力)。人们预计,把推力矢量和舵面的操纵结合在一起可大大地改善 F-16 的机动性。这个项目叫做 MATV(多轴推力矢量),是要演示装有这种喷管的 F-16 的使用有效性。这样,莱特实验室就把 VISTA 飞机"租借"给了 MATV 项目。

试车台上的 MATV 发动机演示喷气流的可偏转角度(通用电气公司提供照片)。

对 VISTA 飞机的真正改装于 1992 年的夏天开始。从外面看上去,除了在飞机尾部增加了一个反尾旋伞和 MATV 的标识以外,飞机没有什么不同。一般的人分辨不出矢量喷管与标准喷管的差别。飞机内部的改装工作量很大。从功能的角度出发,由于 VISTA 的独特的系统都被拆除了,机身基本上就是一个标准的 F-16D 机身。数字飞控计算机中的软件也都被修改了。这样,在选择了矢量模式之后,喷管就会随着升降舵和方向舵移动,不需要飞行员发出专门的指令。

VISTA 在 1993 年 7 月进行了 MATV 构型的首飞,一直到 1994 年 3 月进行了第 95 次飞行,也是 MATV 构型的最终飞行。这些飞行的第一阶段是研究在"过失速"飞行状态下使用推力矢量使飞机进行机动飞行。这就是说,即使在机翼失速的状态下,飞机也能进行机动飞行。一般来说,可以把飞机飞到失速的状态,但不能再过分了,因为有可能进入尾旋。使用推力矢量来控制俯仰和偏航,即便是在机翼失速和舵面失效的情况下,仍然可以把飞机的机头指向所需的方向。推力矢量使飞行员能够把机头指向任何方向而不用担心失控。

从理论上说似乎是很好的,但是,这种能力的使用有效性必须在一架能代表顶级战斗机的飞机上进行演示和验证。MATV 项目的四个特殊目的如下:

(1)确定推力矢量机动飞行包线;

(2)评估这种增强的机动能力在近战格斗时的使用有效性;

(3)评价飞机使用推力矢量时的飞行品质;

(4)检查发动机在极端姿态和角速度时的工作特性。

烟雾发生器喷着白烟的 VISTA/MATV 飞机,正在演示其大迎角飞行能力。
矢量喷管使喷气流向上偏转,就可实现其大迎角能力(美国空军提供照片)。

在 MATV 项目试飞中,VISTA 演示了四种过失速机动动作。

·"眼镜蛇"机动——快速地向上抬头,达到或超过了垂直姿态,然后,在几乎相同的开始高度上恢复到水平飞行。使用这种机动动作可以对头顶上的飞机迅速开炮,甚至能对从后面接近的飞机发射导弹进行打击。

·"直升机"机动——以非常大的偏航速率平直下降螺旋。看起来就像是水平螺旋,但完全可控。这样可以给予飞行员一次快速旋转 360°的机会,以进行观察甚至发射武器。

·"J 形转弯"机动——快速拉起成垂直状态,然后偏航,直到机头向下,再急速拉起,造成非常快速的 180°航向改变。

·"榔头"机动——飞机开始做筋斗动作。当飞机处于垂直状态时,飞行员围绕俯仰轴做一个 180°的过失速旋转,造成一种机头垂直向下的状态,然后完成筋斗。

MATV 项目演示了一种新的、可控的、没有尾旋的飞行状态。而 VISTA 飞机则演示了在低空速时,稳定飞行的迎角可达 85°,俯仰和偏航速率达到 50°/s,而且升降舵和方向舵都是有效的,在飞机的所有姿态和角速度下发动机工作近乎完美。

在项目的后期,人们对带有推力矢量的、增强了的标准作战机动进行了研究。在进行了 175 次一对一和二对一模拟空战之后,VISTA 证明了其对标准 F－16 战斗机拥有极大的战斗优势。推力矢量可以使进攻型飞机更具杀伤力,也可以给予处于防御态势的飞机更好的机会,从最初的不利处境中逃离出来,然后转败为胜,进行攻击。

在 1994 年 5 月完成了 MATV 项目之后,VISTA/NF－16D 被恢复为其空中飞行模拟器构型。在后来的 7 个月中,在爱德华空军基地进行了研制试飞,检查新计算机系统的工作情况。这些飞行确认了 VISTA 可以执行所赋予它的全部设计任务。这个阶段在 1995 年 1 月结束。然后,VISTA 飞到位于俄亥俄州的莱特-帕特森空军基地,由空军接管。

现在,VISTA/NF－16D 停放在布法罗国际机场,由卡尔斯潘公司替空军管理。它已经成为西纽约州上空经常能见到的飞机了。

B‑26 变稳空中飞行模拟器

飞机型号:道格拉斯 B‑26

任务：飞行品质研究,试飞员训练

使用期:1951 — 1981 年

负责机构:美国空军航空研究实验室

主承包商:科内尔航空实验室,卡尔斯潘公司

　　B‑26 变稳飞机的研制是由二战期间和二战之后经历的高速飞行引起的。当进入跨声速飞行的时候,飞机的纵向稳定特性就会突然改变,也就是说,俯仰振荡有延长的趋势,不像低速飞行时会很快消失。飞行员要控制这种合成运动的大多数尝试通常会造成操纵过度,尤其是在紊流中。到了 20 世纪 40 年代末期的时候,科内尔航空实验室(Cornell Aeronautical Laboratory,CAL)的研究人员利用数学分析技术来研究这种现象,并认识到需要用一架特殊的变稳机来进行进一步的研究。

　　1951 年,空军航空研究实验室(现在的莱特实验室的前身)认识到了 CAL 建议的好处,同意研制这种研究机。事实上,人们决定以两种不同的飞机为试验平台进行研究:B‑26和F‑94。CAL 为 B‑26 研制的变稳系统仅仅操纵升降舵,副翼和方向舵还是标准的。这样,只有飞机的俯仰运动可以改变。评估飞行员坐在右座上,右座的控制装置经过了改装,在俯仰方向上具有人工力感觉,以便复制任何所希望的特性。安全飞行员坐在左座上,左座的控制装置还是标准的。

　　飞机的下列俯仰特性可以在大范围内进行改变:

- 纵向静稳定性(飞机在受到扰动之后返回其初始姿态的趋势);
- 短周期频率和阻尼(快速振荡,一般仅为几秒,然后快速消失);
- 长周期频率和阻尼(慢速振荡,一般为 1 min 或更长,然后慢慢消失);
- 杆力梯度;
- 杆‑升降舵传动比。

　　研究难点是,飞行员进行机动期间,和飞机飞行状态发生改变时,大部分气动特性也会改变,这就使飞行员要真正地了解造成问题的原因特别困难。只有变稳飞机能执行所需类型的研究。B‑26 飞机使研究人员能够以一种系统的方式一次只改变一个特性。这样就可以进行跨声速飞行方面的研究,并使设计人员能够确定保持所需飞行特性的方法。

　　CAL 从 1952 年开始把 B‑26 变稳机作为研究机进行飞行。由空军资助的早期试验的结果表明了短周期频率和阻尼对飞行员保持操纵能力的重要性。这个研究表明,可接受的频率有很多,而最佳频率取决于空速、机翼载荷和要进行的机动等参数。

一架带有卡尔斯潘标识的 B-26 变稳飞机。在 20 世纪 80 年代早期，
这架特殊的飞机坠毁在爱德华空军基地(卡尔斯潘公司提供照片)。

在整个 20 世纪 50 年代,B-26 还进行了其他有价值的研究。到 1959 年,有关飞行品质研究的经费被削减了。空军决定终止这个项目,但 CAL 认为这架飞机仍可进行许多有价值的研究。空军最终把这架 B-26 和另外两架标准型 B-26 飞机捐赠给了 CAL,这些飞机可以用于其他研究目的,或者充当零备件。CAL 立即开始为这些飞机寻找研究用户。

为 CAL 的"新"B-26 飞机提供早期研究项目赞助的是美国海军。1960 年,在马里兰州帕图克森特河(Patuxent River)的海军飞行试验中心进行这样的一个项目时,CAL 的飞行员与海军试飞员学校的人员召开了一次有着决定性意义的会议。他们突然有了这样一个想法,用这架 B-26 飞机对新试飞员进行操纵品质的教学培训。因为这架 B-26 可以使试飞员找出飞行特性的细微差别,它肯定能够在理论和实践之间架起一座桥梁来加强新试飞员的训练。教学带飞与教室理论课程相结合,可以给予飞行学员一种真实的"上手"感觉,为死板的理论方程式赋予了"生命力"。

CAL 的飞行员和工程师与海军试飞员学校一起制订了一套理论学习和训练飞行的课程,从而补充了教科书的不足。这个项目在 1960 年进行试验,立即获得了成功。事实上,它是非常成功的,以至于空军试飞员学校也要使用这个课程。

因为 B-26 不能承担其他工作,所以,CAL 决定把空军捐赠的另外两架 B-26 中的一架改装成第二架变稳机,并决定扩展这两架变稳飞机的变稳能力——新增添了滚转轴和偏航轴的变稳能力(第三架 B-26 被解体,用于提供零备件)。第二架 B-26 于 1963 年年初完成改装,从 1963 年 2 月开始用于支持空军试飞员学校的教学工作。

在整个 20 世纪 60 年代和 70 年代,这两架 B‐26 一直执行着研究项目和支持两家试飞员学校的教学工作。在这方面,它们开创了试飞员训练工作的新局面,参与训练的飞机还有 NT‐33A、卡尔斯潘的利尔喷气机、NF‐16D 和 ASTRA"鹰",这种训练一直延续到现在。在 20 世纪 70 年代早期,人们认识到这两架 B‐26 变稳飞机不可能永不退役。于是卡尔斯潘公司开始研制一种变稳利尔喷气(learjet)飞机来替代这两架 B‐26。

1981 年春天,一架 B‐26 变稳飞机在爱德华空军基地坠毁(本书的作者史蒂夫·马克曼在一年前还飞了这架飞机),两名学员试飞员和卡尔斯潘公司的飞行员丧生,这也是迄今为止(译者注:即 1995 年,原书成稿之前),涉及变稳飞机唯一的一次灾难性事故。具有讽刺意义的是,这架飞机当时是最后一次在空军试飞员学校使用,然后就要退役了。飞机坠毁的原因是主翼梁发生故障,这种故障也是导致一些其他 B‐26 飞机坠毁的原因。

剩下的一架 B‐26 变稳飞机静静地停在纽约州布法罗市的卡尔斯潘公司的机库中,在那里存放了好几年。在经历了这样漫长和成功的历程之后,人们对恢复这架飞机的使用有表示赞成的,也有表示反对的,他们进行了激烈的争论,最终还是决定把飞机返还给空军。1986 年 11 月,这架飞机飞回到爱德华空军基地存放起来,最后在飞行试验博物馆进行展览。

NC-131H 全任务空中飞行模拟器

飞机型号:C-131"撒马利亚人"军用运输机

任务:空中飞行模拟器,研究机

使用期:1970 年—

负责机构:俄亥俄州莱特-帕特森空军基地莱特实验室

主承包商:卡尔斯潘公司

    美国空军的 NC-131H 全任务空中飞行模拟器(简称为 TIFS)有很长的执行研究和空中模拟任务的历史,仅仅比 NT-33A 的历史短。与 NT-33A 一样,TIFS 也是由科内尔航空实验室(现在的卡尔斯潘公司,位于纽约州的布法罗市)研制的,现在由卡尔斯潘公司运作,为位于俄亥俄州代顿市附近的莱特-帕特森空军基地的莱特实验室服务。

    TIFS 概念经过几年演化进展,于 20 世纪 50 年代开始实施。在 20 世纪 70 年代完成的时候,TIFS 是当时制造出的最先进的空中飞行模拟器。经过 20 多年的使用和对各系统的无数次更新,它依然还是世界上最复杂和能力最强大的空中飞行模拟器。

    TIFS 概念连续多年的发展和营销本身就是一件令人兴奋的事。这件事表明,一群具有远见卓识的科内尔航空实验室的工程师们,在行业和政府有需求的时候,是如何利用每个合作伙伴的最好资源和能力把这个理念变成了事实的。最早的 TIFS 概念是把它作为一种训练飞机,用于训练第一代喷气民航机的飞行员。在第一张设计草图上,一架康威尔螺旋桨民航客机机身的顶部有一个喷气客机驾驶舱。新式喷气机的飞行特性在机载计算机上进行模拟,当坐在喷气客机驾驶舱中的飞行员操纵操纵装置的时候,这些操纵输入进了计算机,计算机就会驱动舵面运动。这样,空中飞行模拟器的响应就与计算机所模拟的飞机的响应一致。除了要与飞行特性相匹配以外,整个驾驶舱的环境也要完全一致。

    原本期望航空公司抓住这个机会帮助研制这种飞机,这种想法是很自然的,因为这种想法的安全性和长期经济效果是很明显的。但是,经过了几年的努力后,这种想法并没有引起航空公司多大的兴趣。

    到了 1963 年的夏天,联邦航空局(FAA)积极推进超声速运输机(SST)的研制。在那段时间,科内尔航空实验室的工程师们与 FAA 的人员在一起开了几次会,他们更倾向于把 TIFS 作为 SST 的研制工具,而不是作为航空公司的一种教练机使用。使用变稳机进行新式飞机的研制当时已经很流行了,所建议的空中飞行模拟器的设计可围绕着 SST 的研究要求进行。"全任务空中飞行模拟器"的名称就是在与 FAA 的一次会议上诞生的。

    1963 年秋天,在俄亥俄州莱特-帕特森空军基地的莱特实验室与空军飞行力学实验室(现在的莱特实验室的前身)进行了类似的讨论。由于 C-5 运输机和 B-1 轰炸机这样的项目当时正处在早期概念阶段,人们对 TIFS 产生了兴趣,但没有获得研究经费。科内尔航空实验室在整个 20 世纪 60 年代的中期继续把 TIFS 锁定为 FAA 与航空公司的联合研制项目,用以支持 SST 的研制。

这时,TIFS 概念已经发展成了一种空中飞行模拟器,在机头上有一个独立的"评估"驾驶舱。根据要模拟的不同飞机,可以建造几种机头并迅速地进行更换。TIFS 能够在所有六个自由度上复制被模拟飞机的运动。要做到这一点,就要增加液压作动器。这样,计算机就可以驱动升降舵、副翼和方向舵了。为了产生线性运动,把襟翼改装成一种"直接升力襟翼",能够以高速率向上和向下偏转,从而控制升力。在机翼上增加了垂直安定面(即侧力舵面),以控制侧向加速度。在螺旋桨减速器上增加了伺服控制,使得 TIFS 能加速或减速。所有这些舵面的运动由一个特殊设计的可以监视评估飞行员操纵输入的模拟计算机系统进行综合,从而确定所需的飞机响应,然后移动舵面来产生这种响应。

科内尔航空实验室的坚持终于在 1966 年的 4 月份得到了回报,FAA、飞行力学实验室和 C-5 项目办同意联合出资研制 TIFS。由于空军是主发起人,所以,研制工作由飞行力学实验室管理。研制合同于 1966 年 12 月签订,空军把一架 C-131B 飞机(康威尔 340 的军用型)交给了科内尔在纽约州布法罗市的一个机构。

C-131H TIFS 空中飞行模拟器是最被认可的由生产型飞机改装的一种研究机。C-131 装有很多测试设备,机头下增加了一个模拟驾驶舱(NASA 提供照片)。

设计和制造很快就开始了。机头结构的大部分都进行了改装,用以支撑评估驾驶舱,对机翼也进行了改装。1968 年 12 月,TIFS 转场到了加利福尼亚州的伯班克市,把原来的活塞式发动机换成了艾利逊(Allison)501 - D13 涡轮螺旋桨发动机。这个在商业上可行的改装几乎把飞机的可用功率翻了一番,使基本机身构型升级到了等于康威尔 580 机身构型的水平,它的军用名称为 C-131H。

其他改装随后在 1969 年进行,新完成的 TIFS 在 1970 年 6 月进行了首飞。几乎需要进行一年的检查飞行来验证所有特殊设计的系统的工作,并确定新飞机的能力。飞机被正式命名为 NC-131H(N 表示飞机被永久性地改装了,不能恢复到其原始构型)。

第一个研究项目是在 1971 年 6 月进行的对 B-1 飞机的模拟,预先验证这种新型战略轰炸机的飞行特性。后来,TIFS 被转场到加利福尼亚州帕尔姆戴尔市的诺斯罗普工厂,试飞员驾驶该模拟机在 B-1 原型机将要首飞的真实航线上进行了演练,B-1 原型机首飞航线是从帕尔姆戴尔市到附近的爱德华空军基地。在 B-1 首飞之后,试飞员报告"首飞就像是在一个空中飞行模拟器中飞行一样",这是他们能给予的最高赞誉。

在头几年中,其他项目迅速跟进。NASA 在 1972 年 3 月发起了对航天飞机的简单模拟,然后在 4 月到 7 月之间是对"协和"SST 飞机的模拟。虽然美国的 SST 项目已经被撤销了,但英法合作制造的"协和"飞机要按照 FAA 的标准进行鉴定。然而,FAA 的标准缺少与"协和"飞机独特特性相关的数据。于是,FAA 使用这个模拟试验机来收集数据,以确定可接受和不可接受的飞行特性,尤其是"协和"飞机的增稳装置发生故障时的着陆特性。

1985 年,TIFS 飞机停放在凯利空军基地(美国空军提供照片)。

　　"飞行实验室"项目中的第一个项目在 1973 年进行，进行侧风着陆的研究。侧向力舵面被用于验证使用直接侧向力操纵抵消侧风影响的价值。有两种模式是机械式的：在第一种模式下，模拟驾驶舱中的飞行员通过驾驶盘上的拇指开关手动偏转侧向力舵面，从而抵消侧风的影响；在另一种模式下，为了跟踪定位信标，TIFS 计算机中的机械化自动操纵系统偏转侧向力舵面，使飞行员可在直接侧风达到 15 kn(1 kn＝1.852 km/h)条件下进行无偏航机翼水平着陆。

　　在 1974 到 1975 年期间，NASA 还发起了另外几个模拟航天飞机的项目，重点是模拟最后阶段的陡峭进场、拉平和模拟接地情况。研究人员把模拟驾驶舱中的风挡遮盖住，从而产生合适的驾驶舱外的视觉，安装了类似航天飞机的操纵杆。模拟空速超过 250 kn 和下滑道超过 15°的陡峭最终进场需要很大的额外阻力，这是通过放下起落架并把侧向力舵面相向偏转来实现的。当模拟接地时，TIFS 的起落架实际上并没有接触跑道。这是因为航天飞机接地的速度非常高，而且航天飞机的驾驶员坐得比在 TIFS 中的位置高，就会产生非常不同的视觉感受。当 TIFS 的计算机确定了航天飞机的主起落架应该接地时，就会给直接升力襟翼发出快速的突变信号来产生一个"颠簸"，表示航天飞机已经着陆了。虽然 TIFS 距离地面仍然有好几英尺，但飞行员处于跑道上空的正确高度上，造成正确的视觉景象。航天飞机的其他模拟在 1978 年和 1985 年进行，是为了帮助改善航天飞机的飞行性能。

　　在 1976 年由飞行力学实验室发起的一个项目中，TIFS 帮助研制一种新设计的遥控飞行器(RPV)的自动着陆系统。在这个项目中，在 TIFS 计算机中建立了赖安(Ryan) YQM-98A 的飞行特性和自动着陆系统的模型。试验大纲验证了系统跟踪仪表着陆系统并使飞机安全着陆的能力，包括在跑道上减速到停止状态。另外，地面站手动飞行 YQM-98A 的可行性也得到了验证。驾驶员坐在控制台的前面，控制台上有正常的飞行仪表和飞行操纵装置，还显示从安装在 TIFS 机头上的摄影机传送过来的电视画面。这个项目是在莱特-帕特森空军基地飞行的，第一次把 TIFS 带回了"家"。

TIFS 的模拟机头确实使得它成为了一种独特的飞机(卡尔斯潘公司提供照片)。

安装了雷达天线罩的 TIFS 用来进行独特航电设备试验的培训(卡尔斯潘公司提供照片)。

另一个"飞行实验室"项目在1978年实施,是为了设计更好的地基飞行模拟器采集所需的数据。运动感觉在飞行模拟器中非常重要,必须与提供给飞行员的视觉景象协调一致。地基模拟器有一个明显的缺点——移动的距离非常有限。必须给飞行员提供初始的运动感觉,然后,在模拟器达到满行程之前小心地去消除初始的运动感觉。如果设计的运动消退不恰当,可能会造成模拟器产生不合适的感觉。在这个试验中进行了不同的试验来确定试飞员是如何感觉不同运动的。试飞员没有外界视景,使用不同的运动效果进行TIFS的仪表飞行。TIFS又一次成为了可以进行这种研究的唯一飞机。

在20世纪80年代,还进行了一项"通用"飞行品质研究,为制定非常大型的飞机的飞行品质规范来收集数据。当时,军方和航空公司正在研制C-5和波音747这样的大型喷气式飞机,趋势是朝着更大更重的方向发展。但是,这种尺寸的飞机的飞行特性数据却少之又少。操纵这种大型飞机的问题是,飞行员坐在前面,远离旋转中心。即便是小的倾斜或俯仰运动都会使飞行员处于很大的运动中,这就使操纵飞机变得很困难。TIFS的计算机程序中存有几种百万磅重量级飞机的预测飞行特性。飞行员通过执行各种飞行任务对飞机的运动进行了评估。

通过使用图形显示技术研制未来的驾驶舱显示器,复杂的飞行任务将变得容易了。这是人素工程师们长期以来的目标。许多先进显示器都是利用地基模拟器研制的。但是,最普遍的问题是,执行所有计算和生成图像任务的计算机的尺寸和质量过大,无法安装在飞机上。1983年,一个"指令飞行航迹"显示器连接到了一台计算机,这台计算机很小,能够安装在TIFS中。显示器显示出一条各导航定点之间的航迹,给飞行员提供了一个图形化飞行航线。有一个表示飞机的符号显示在前面几百英尺的地方。飞行员要做的全部工作就是与显示器上的飞机飞一个松散编队。这个试验项目通过实际飞行试验证实了这种类型显示器的有效性,为现在许多驾驶舱所使用的显示器铺平了道路。

在整个20世纪80年代,TIFS还为许多其他飞机项目提供了保障支持,包括X-29研究机,B-2隐形轰炸机和YF-23战斗机原型机等;也为其他研究项目提供了支持,如飞行品质和飞行控制系统设计,对飞行员进入化学战区之前服用的防护药品的评估等。到了20世纪80年代中期,空军开始提供TIFS来支持商用飞机的研制和发展,对先进的波音喷气机(该飞机称为7J7,最后被撤销)和道格拉斯的MD-12(一种新型宽体客机,当时正在进行初步设计)进行了模拟。

还是在20世纪80年代中期,开始了对TIFS的另一项独特的应用。空军和海军试飞员学校为发展TIFS的航电系统试验训练机(ASTTA)能力提供了资金。大多数试飞员都没有机会驾驶一种新的原型机进行首飞,而只能把他们的试飞生涯用于验证飞机的能力,试验为现有飞机研制的新系统。试飞员学校研制这种系统,把它作为培养新试飞员(他们已经是有经验的飞行员)进行航电系统试验的一种工具。模拟机头被拆除了,换上大型的雷达罩。雷达罩中安装的是一台 F-16 的雷达，在机头下面是前视红外传感器(FLIR)，雷达罩里面还有前视电视摄像机、惯性导航系统、一个学员工作站(学员在这里可以操作各种系统和观看显示器)和一套计算机系统(读出和记录每台航电设备的内部信号)。后来，还安装了几个其他系统，包括电视制导导弹的寻的头、GPS 接收机和显示器，以及一个罗兰(LORAN)导航系统。TIFS 可在模拟构型和 ASTTA 构型之间转换，改装只需要几天时间。TIFS 每年都要转场到爱德华空军基地和帕图克森特河海军航空站两次，去帮助训练新试飞员进行航电设备的试验。

多年来，进行的各种系统升级极大增强了 TIFS 的能力和保障性，远远超出了原始设计。变稳系统中大多数的模拟电路都被现代的机载数字计算机所替代，记录系统都使用了最先进的数字数据记录器。评估驾驶舱中的彩色多功能显示器、平显和其他高分辨率的图形系统都可以按照每个模拟项目的需求进行编程规划。为其他项目研制的各种各样的操纵杆和驾驶盘还都保存着，可以按照需要进行安装。发动机也换成了功率更大的艾利逊公司(Allison)的 501-D22G 发动机，原来的航空产品(Aeroproducts)公司的螺旋桨也换成了汉密尔顿标准螺旋桨，与最新的 C-130 上的螺旋桨一样。

虽然 TIFS 机身已经使用了 40 年之久，但它仍旧是一种有价值的研究工具，还没有退役的计划。虽然空军已经把所有其他 C-131 退出了使用，而且已经不再提供仓储备件保障，但是，仍然有许多康威尔客机还在世界上用作民用飞机使用。TIFS 很有可能在有商用支持的条件下一直使用，这是因为其机身、独特的机身改装和变稳系统的基本设计仍然可以为未来的需要提供一种可用的能力。空军正在研究系统升级和结构改进，以便全任务空中飞行模拟器一直到 21 世纪都能继续执行有价值的研究。在 TIFS 原始设计时绝没有想象到它能有如此长的寿命和如此多的用途，这绝对是对几十年之前构思 TIFS 的那些富有远见的人们的一种回报。

湾流(Gulfstream)航天飞机训练机

飞机型号:格鲁门湾流Ⅱ
任务:航天飞机飞行员训练
使用期:1976 年—
负责机构:NASA
主承包商:格鲁门公司

一名飞行员的最大荣誉和挑战就是被选中驾驶航天飞机轨道飞行器,这也是最艰巨的任务。航天飞机不是容易驾驶的飞机,它是世界上最大、最重和最快的滑翔机。着陆的时候,还未完全适应重力影响的飞行员必须一次着陆成功。当航天飞机还在研制时,人们就已经认识到训练航天飞机飞行员是一个最主要的挑战。

解决这个问题的方法是研制一架能像航天飞机一样飞行的空中飞行模拟器,于是航天飞机训练机就诞生了,简称为 STA。STA 是用格鲁门公司的湾流Ⅱ型公务飞机改装而成的。航天飞行员坐在左座,而安全飞行员坐在他的旁边。四架 STA 都由 NASA 使用。前两架飞机于 1976 年交付,第三架于 1985 年交付,而第四架则在 1990 年交付。

湾流Ⅱ型飞机之所以被选上执行 STA 任务,是因为它的飞行速度和高度能力能够与航天飞机在最终进场阶段(从大约 35 000 ft(1 ft=0.304 8 m)到接地)的速度和高度匹配。湾流Ⅱ型飞机的机舱很大,可以容纳计算机和记录设备。而且它的驾驶舱也很宽敞,载油量也足够多,单次飞行任务就可以爬升到 35 000 ft 的高度十次或十多次。

主要的改装如下:
- 左侧驾驶员的仪表板和飞行操纵装置更换成航天飞机的仪表板和飞行操纵装置;
- 安装了一套模型跟随飞行控制系统(简称飞控系统),其中安装有航天飞机的空气动力模型;
- 增加了一个模拟工程师的工作站,操作计算机系统和记录设备;
- 用一种快速拆装的简单襟翼更换了福勒襟翼,以便提供直接升力控制(这样可以同时适应升力特性和机头前方能见度的要求);
- 拆除扰流板和机械式差动襟翼,以便增强横滚控制(之所以这样做是因为扰流板通常是用来加强副翼的,对直接升力控制有不利影响);
- 增加涡流发生器和翼刀来改善直接升力控制;
- 安装了燃油油箱隔板,防止燃油在油箱内来回窜移而造成在进行陡峭进场时重心向前漂移;
- 加强了起落架,能够在高速飞行时放出起落架,产生陡峭进场所需的额外阻力;

- 改装了反推装置,使反推装置能够在空中工作,从而产生额外阻力;
- 加强了发动机区域的结构,以承受加大的反向推力载荷。

STA 的一个典型任务剖面是从爬升到 35 000 ft 开始。一旦到达起始高度,就接入模拟系统,航天飞行员开始飞行。然后,他从仪表着陆系统截获导航信号,进行与航天飞机几乎一样的陡峭进场,最后进行模拟着陆。因为航天飞机更长一些,当航天飞机要接触跑道时,STA 还在离地面几英尺的空中。这样,STA 的轮子并没有真正地接触到地面。之所以要进行这些适合眼睛高度的"着陆",是因为飞行员在跑道上的高度必须与在航天飞机上的高度一致,以获得正确的视觉景象。在每次任务中要进行 10～12 次这样的进场训练。

使用 STA 训练航天飞行员有三种目的:基本训练、熟练性训练和专项任务训练。在基本训练中,新的航天飞行员要熟悉航天飞机的操纵装置和显示器,进行陡峭进场、操纵品质、质量和重心变化的影响以及对非正常条件做出正确响应的训练。在基本训练的 6 个月期间,每位航天飞行员要进行 20 次 STA 飞行。

在完成了基本训练和等待专项任务飞行期间,每位航天飞行员每个月要进行两次 STA 飞行来保持飞行的熟练性。

专项任务训练是在航天飞行员接受了具体任务之后进行的。在这个阶段,要在与飞行任务相关的条件下进行飞行。这些条件包括与任务的真实质量和重心的飞行特性相适应的昼夜进场训练,进场练习在主着陆场和备份着陆场进行。在 9 个多月的训练期间要进行大约 10 次飞行,为专项任务准备航天飞行员。

航天飞机训练机进行航天飞机式的陡峭进场。请注意机身下面的侧向力发生器,
后来被拆除了(NASA 提供照片)。

当航天员准备进行第一次航天飞机飞行时,他已经在一架 STA 上进行了大约 500 次进场和模拟着陆。

STA 还被用作对各种类型的任务进行支持,例如,在真正的航天飞机进行着陆前在着陆场进行进场,对航天飞机可能遇到的大气条件进行评估。

STA 的飞行计划令人疲乏不堪:每年约 200 个任务,每个任务为 500～600 个飞行小时。在没有飞行任务的时候,STA 要连接到地面计算机上,作为地面飞行模拟器在地面进行飞行训练。

ASTRA"鹰(Hawk)"空中飞行模拟器

飞机型号：英国宇航公司"鹰"Mk1

任务：空中飞行模拟/试飞员训练

使用期：1986 年—

负责机构：帝国试飞员学校，皇家空军

主承包商：克兰菲尔德航空学院

　　确定使用空中飞行模拟器来培训新的试飞员在美国和英国已经有多年历史。就像美国空军和美国海军的试飞员学校使用卡尔斯潘的利尔喷气机和 USAF NT－33A 一样，帝国试飞员学校(ETPS，位于英格兰萨尔斯波利附近的波斯康·唐(Boscomb Down))也使用这种独特的能力为皇家空军培训新的试飞员。先进的系统、教练和研究飞机（即 ASTRA"鹰"）担当了这个角色。ASTRA"鹰"是试飞员学校拥有和使用的唯一的空中飞行模拟器。

　　在帝国试飞员学校的教学大纲中，ASTRA"鹰"被用于培训新试飞员。飞机的飞行特性可以迅速地改变，使飞机实现反应快速、反应迟缓，或处于二者之间的某个状态。杆特

帝国试飞员学校的变稳 ASTRA"鹰"。其后面的飞机是老式的变稳机"猎犬"。垂尾上的"1"是与学校的其他"鹰"飞机区别的唯一外部特征。

性和平显格式也可进行改变。ASTRA"鹰"由一架老式的变稳飞机"猎犬"补充，而"猎犬"是一架双发通用飞机，已经使用了 20 多年，飞行速度为 100~150 kn。

　　选择 BAE"鹰"教练机执行 ASTRA 任务起因于克兰菲尔德航空学院在 20 世纪 80 年代早期所进行的研究。克兰菲尔德航空学院随后获得了后续合同，开展设计、改装和飞行试验。选择"鹰"有几个原因：①在皇家空军的列装清单中有这种飞机，并且还会持续在列装清单中保留一段时期；②这种飞机的飞行包线可以代表现代战术作战飞机；③帝国试飞员学校的机队中已经有了三架"鹰"飞机；④早期研究显示，"鹰"飞机可以被改装来担任这个新角色。基本"鹰"构型中的一些缺陷，如驾驶舱尺寸限制、方向舵设计的限制和一些稳定性特性的限制等问题都已经被克服了，使 ASTRA"鹰"成了一种非常成功和多用途的教练工具。

当改装成空中飞行模拟器时,ASTRA"鹰"的前操纵系统与飞控系统断开。其他飞行员指令功能也都被移到了后座,在必要的时候安全飞行员可以单独飞行。旋转液压作动器分别连接到了三个舵面的操纵杆上。这样,计算机就可以按需移动每个舵面。前驾驶舱中有平显、中央驾驶杆、侧杆和方向舵脚蹬。除了侧杆之外,对所有的特性都可在空中进行编程和改变。侧杆在空中不能像许多其他空中飞行模拟器那样进行调整,但在地面可以进行调整来生成任意一个特殊飞行需要的杆特性。后驾驶舱具有所有需要的操纵装置,进行接通、断开和监视变稳系统的工作。

接通变稳系统之后,ASTRA"鹰"的飞行迎角可达到14°(正好与开始失速抖振的迎角重合),飞行马赫数可达0.7,法向加速度从-1.75g到+6.5g,滚转速率达到200°/s,俯仰角速度达到40°/s。这个飞行包线能够满足教授大多数战术飞机的代表性机动的飞行试验技术的需要。

ASTRA"鹰"的改装完成之后,在1986年进行了首飞,但直到1990年才成为帝国试飞员学校教学课程中所使用的飞机。最初,保守的英国人由于担心安全问题,限制由前座操控进行真实的着陆。然而,随着帝国试飞员学校对这架飞机有了一定的经验,以及管理机构对飞机的可靠性树立了信心,这个限制最终被取消。

如果注意到美国人和英国人在电子系统可靠性与人类操作员关系的理念上的不同,这是很有趣的。空中飞行模拟器使用的计算机系统是典型的单通道,这就意味着,只能进行一组运算。如果发生故障,系统就会断开,安全飞行员必须接管飞机操纵。美国的空中飞行模拟器一般工作到接地,这是因为安全飞行员被赋予了最高权威。而英国人的理念是,当接近地面时,安全飞行员可能不能做出快速反应。因此,计算机系统必须证明自己有足够的可靠性,能保持操纵。

帝国试飞员学校的学员现在都要在ASTRA"鹰"上进行至少4次飞行训练,而且,在开发了这架飞机的更多功能之后,以后的学员可能会进行更多次的飞行训练。在一个典型的学年中,这架飞机大约飞行100 h,训练大约15名新试飞员。

田纳西州立大学"那维昂(Navions)"空中飞行模拟器

飞机型号：北美"那维昂"

任务：飞控研究

使用期：20 世纪 60 年代—

负责机构：普林斯顿大学，田纳西州立大学宇航学院(UTSI)

两架"那维昂"飞机是使用通用飞机开展飞行研究的最好例证。它们表明了，有价值的军用目的的研究并不一定是总要在昂贵的军用研究机上进行。简单、经济的飞机经常也可以完成这项工作。重要的问题是飞机要适合进行有关问题的研究。

"那维昂"飞机是由普林斯顿大学飞行实验室在 20 世纪 60 年代研制的，一直使用到 20 世纪 80 年代的初期。两架飞机都是 20 世纪 40 年代研制的古老飞机，一架由北美公司制造，而另一架由赖安公司制造。它们是根据海军航空系统司令部(NASC)合同进行改装的，为海军航空系统司令部、空军和 NASA 执行了多个研究项目。在这些飞机上所进行的一些研究项目研究了如下问题：

- 侧力控制和控制装置；
- STOL(短距起落)进场；
- 带动力升力纵向操纵品质；
- 飞机横向动力学。

这两架"那维昂"飞机现在的注册号是 N55UT 和 N66TU。这些宽敞的四座飞机进行了下列改装：

- 给升降舵、副翼和方向舵增加了液压作动器，一台液压泵能够同时以最大功率驱动所有作动器。增加了把泵连接到所有作动器上的液压管线。

- 改装了一套操纵装置，供评估飞行员使用，而另一套供安全飞行员使用的操纵装置仍然保留标准的。

- 安装了数字和模拟计算机，执行所有飞控和数据处理运算。

- 对起落架结构进行了加强，允许进行大下沉速度的接地。

- 增加了飞机总质量，因为改装后飞机的空载质量已经接近了未改装的"那维昂"飞机的最大总质量。

- 把襟翼改成了直接升力襟翼，可向上和向下偏转 30°(标准襟翼可向下偏转 40°)；无论是在飞行中还是在地面，它们还兼具机翼扰流板的作用，可以增加额外的阻力。快速作动器在两个方向上驱动偏转直接升力襟翼的速度最高可达 110°/s。

- 数据采集系统可监控和遥测 43 个通道的数据，包括角速度、姿态、加速度、航向、操纵输入、性能测量、高度、下滑道数据和主支柱的压缩等。

· 如果安全飞行员命令断开(模拟系统),自动放弃模式可断开评估飞行员的操纵装置,把发动机功率加大到 75％,并把襟翼重新设定到 20°。在正常进场时,启动自动放弃模式后,飞行高度的损失小于 10 ft。

· 副翼和升降舵为双通道电传操纵,方向舵、襟翼和油门为单通道操纵。

N66UT 是由北美公司在 1949 年制造的。评估飞行员坐在左座,安全飞行员则坐在右座。起落架固定在放出位置。

N55UT 是由赖安公司在 1946 年制造的。它的改装更广泛,评估飞行员坐在右座,而安全飞行员则坐在左座,与 N66UT 的情况相反。它还有一个特点,在机翼上安装了侧力舵面,使 N55UT 具有了六自由度变稳能力。它还有一个较大的液压泵,可以保证所有舵面和起落架同时工作。垂尾和方向舵比标准的大,以补偿由侧力舵面引起的方向稳定性损失。

到了 20 世纪 80 年代早期,"那维昂"的研究项目锐减。在闲置了大约 5 年之后,普林斯顿大学把它们卖给了位于田纳西州塔拉霍马的田纳西州立大学宇航学院。田纳西州立大学宇航学院把飞机恢复到全功能状态,把它们用到研究生的工程课程和其他短期专业课程中。这两架飞机仍然保持着开展广泛的航空研究和专项训练的能力。

左图:停在地面上的 UTSI 的"那维昂"飞机。请注意安装在机翼上的迎角和侧滑角传感器。

右图:空中的 UTSI"那维昂"飞机。请注意在右侧侧力舵面上用来研究气流的丝线。

(普林斯顿大学提供照片)

P-2 变稳飞机

飞机型号:洛克希德/川崎 P-2H
任务:空中飞行模拟器,飞控研究
使用期:1978 年到 20 世纪 80 年代中期
负责机构:日本防务厅第三研究部
主承包商:川崎重工

川崎 P-2H 变稳飞机(VSA)是日本研制和使用的,用于研究未来飞机的飞控概念。它是由第 39 架生产型 P2V-7(P-2H)"海王星"改装的,"海王星"是洛克希德公司设计的一种反潜巡逻飞机,由川崎重工在日本制造。

与其他多数国家一样,日本政府也在进行飞行研究。日本防务厅的技术研究和发展院的第三研究部把 P-2 VSA 作为空中飞行模拟器研究机进行研究和使用。飞机的实际改装由川崎重工在 1977 年进行。改装后的飞机于 1977 年在岐阜空军基地进行了首飞。

机身的主要改装如下:

- 拆除了所有的反潜战设备,包括雷达;
- 安装了电传飞控系统,保留机械飞控系统作为安全飞行员的备份系统;
- 把右座飞行员的机械操纵装置更换成与计算机系统连接的变稳操纵设备;
- 安装了一台计算机,能够进行所有飞行操纵运算,并可确定可变感觉操纵盘的力和运动;
- 把外侧后缘襟翼更换成可向下偏转 40° 和向上偏转 20° 的直接升力襟翼,并在襟翼前面增加了涡流发生器来改善襟翼的效能;
- 在辅助喷气发动机外侧的每个机翼的上面和下面增加了侧力舵面,能够向左或向右偏转 30°;
- 在机舱增加了两个操作员的位置;
- 在每个武器舱门的内侧增加了减速板;
- 安装了飞行测试设备和记录器。

P-2 VSA 作为空中飞行模拟器,能够进行 5 自由度的独立操纵:俯仰、滚转和偏航,以及垂直和侧向移动。

在 1978 年,这架变稳飞机由日本海上自卫队的第 51 飞行中队使用,对飞机在整个工作包线内的直接升力和直接侧力控制的有效性进行了评估。在进行了这些评估之后,日本海上自卫队试飞员学校用 P-2 VSA 来培训新试飞员。这架飞机在 20 世纪 80 年代退役。

P-2 变稳飞机在空中进行空中模拟和研究(日本防务厅提供照片)。

独特的研究飞机

S-76"影子(Shadow)"直升机空中飞行模拟器

飞机型号:西科斯基 S-76

任务:空中飞行模拟/显示研究

使用期:1986 年—

负责机构:西科斯基飞机公司

　　西科斯基 S-76"影子"直升机飞行模拟器由西科斯基公司研制和使用,用于支持直升机的研制和发展。"影子"是西科斯基公司研究直升机驾驶员工作负荷的先进技术验证机,也是一种空中飞行模拟器,可以模拟直升机多方面动态特性、操纵技术、仪表显示系统和驾驶舱能见度。"影子"是在 20 世纪 80 年代中期研制的,用以支持美国陆军的轻型直升机实验(LHX)项目,这个项目后来发展成了 RAH-66 科曼奇直升机。"影子"仍在服役,支持其他与直升机相关的研究。

加装的驾驶舱使"影子"空中飞行模拟器能够进行单驾驶舱
直升机操作研究(联合技术公司提供照片)。

LHX直升机是一种单座武装直升机(指定"影子"支持其研制),可在非常低的飞行高度执行任务,而且需要经常在夜间或能见度很差的条件下飞行。这种类型的任务要求飞行员大部分时间要把精力集中在驾驶舱外的环境上,要吸收和分析大量的信息,这种情况会使飞行员特别忙碌。对于这种类型的高负荷工作,仅仅用地基模拟器作为研制工具是不够的,这是因为其固有的对视觉和运动的限制以及"帕克因素"*的原因。要研制这样的新型直升机,就需要有一种能够模拟直升机在真实环境中飞行的所有基本元素的直升机飞行模拟器。

S-76是可用来制造"影子"飞行模拟器的一种非常好的机身平台,第五架原型机被选中进行改装。这架原型机支持了S-76的早期研制,已经放置了几年。改装过程中,加强了中央龙骨梁的支撑结构来支撑评估驾驶舱的质量。内部空间足以容纳两名安全飞行员、一名试验工程师和一名观察员。航电设备区和载荷空间也很大,能够容纳所有的计算机、记录设备和必须携带的试验黑匣子。发动机也进行了改进,增加了动力,可以保证在任务总重和中等密度高度的条件下进行单发悬停。

"影子"具有以下能力:

· 独立的评估驾驶舱:在机头的前面增加了评估驾驶舱。这是为了能在最大灵活程度上研究在低空作战任务中的单座操作。飞机上有一个大型的玻璃区,具有最大的视野。对于特定的试验,可以把玻璃按需遮挡来模拟一种视野。模块式仪表板使飞行仪表和操纵装置的更换和重新排列特别容易。标准仪表显示器有两个阴极射线管和一个液晶显示器,它们都可以按需更换成机械飞行仪表。其他硬件(如实验操纵杆)的安装也非常便捷。

· 可编程显示系统:显示处理器(实际上就是一台专用数字计算机)执行生成电子显示的所有运算。它编程容易,可生成评估飞行员需要的任何显示。图像可投放在评估驾驶舱内的多功能显示器、液晶显示器或头盔显示器上。另外,图像可在飞机上的任何地方显示,由机组人员进行监视。

图为"影子"空中飞行模拟器典型的低空任务飞行状态(联合技术公司提供照片)。

---

* 帕克因素(pucker factor),军事俚语,用来描述危险或危机情况下的紧张和/或过激反应的程度。美国陆军直升机飞行员指在飞行中勉强逃离危险状况(遭遇敌人射击,RPG、SAM导弹来袭等)时,以致不自禁提肛的可怕状态。

· 电传飞行控制装置：评估驾驶舱中的飞行控制装置连接在"影子"的计算机系统。可对新型驾驶舱控制装置和控制机械进行安全的试验,这是因为它们是电气连接在"影子"的计算机上,而不是直接连接到机械操纵装置上的。控制装置的独特特性可以改变,几乎能够模拟所希望的任何一组特性,不论它是现实存在的,还是理论上的。

· 导航系统：导航设备包括惯性导航系统和多普勒导航系统、GPS、雷达高度表、数字地图和红外视觉系统等。这些设备通过导航计算机集成在一起,因此,可以对使用其中任何一种数据的各种机械系统进行试验。

· 模拟能力：被模拟直升机的模型输入"影子"的计算机中。当评估飞行员移动飞行操纵装置时,计算机模型就会确定被模拟飞机的响应并移动"影子"的操纵装置,使"影子"的运动与模型相匹配。系统进行自我监控,并向安全飞行员报告接近系统限制、系统故障或潜在的环境危险等状况。这些能力与许多其他空中飞行模拟器类似。

· 安全飞行员/飞行机组的能力：两名安全飞行员在传统的 S-76 驾驶舱中飞行,并监视飞行和评估飞行员的表现。通过断开评估飞行员的操纵或使劲拉杆来超控评估飞行员的指令,他们可随时接管飞机的操纵。飞行试验工程师监视所有系统的工作,可改变被评估的模型以及改变模型内的特定参数。一名观察员坐在第四个座位上。所有的机组人员通过观看计算机生成的显示和从评估驾驶舱发送过来的影像,对飞行员的表现进行评价。

"影子"评估驾驶舱的特点是有两个阴极射线管显示器和两个实验操纵杆
(联合技术公司提供照片)。

自从研制出"影子"以来,它还执行了多个其他研究项目。这些与直升机相关的研究涉及了以下领域:

• 驾驶舱能见度:对驾驶舱外能见度的具体需求因所执行的任务而不同。塑料舱盖和窗户很重,强度低。因此,窗户越少越好。必须提供准确的能见度成为主要的设计折中问题,而舱盖轮廓的设计也不是一种随意的决定。必须仔细挑选轮廓,从而获得所需的无变形能见度,还要使用最少的玻璃以减轻质量。

• 头盔显示器:这种比较新型的显示技术把图形和文字信息直接投放到飞行员的护目镜上,使飞行员可以完全关注舱外的情况。由于飞行员头部能承受的质量有限,这类设备必须尽可能小而轻。然而,质量与分辨率和视野是成比例地增加的。显示器的大小和执行任务所需的分辨率是重要的设计因素,要通过实际的飞行试验来确定。

• 操纵装置:与固定翼飞机一样,直升机的操纵杆也非常关键。一架飞行特性良好的飞机,如果操纵杆不合适,也会使飞行员感到很糟糕。设计良好的操纵杆可以使直升机具有良好的力感觉,驾驶起来很容易。直升机的正常操纵需要用到两只手和两只脚:右手进行俯仰和滚转操纵;左手进行油门、周期变距和总距操纵;两只脚进行偏航操纵。这项研究着眼于备选机械系统,例如,右手四轴操纵装置,可以像常规一样进行俯仰和滚转操纵,也可以扭动它进行偏航操纵,或者垂直移动它进行总距操纵。研究的目的是寻找一种降低飞行员工作负荷的途径,使飞行控制直觉更好,感觉更自然。

NT－33A 空中飞行模拟器

飞机型号:T－33A"流星"军用喷气教练机

任务:空中飞行模拟研究

使用期:1957 年—

负责机构:俄亥俄州莱特-帕特森空军基地莱特实验室

主承包商:卡尔斯潘公司

　　NT－33A 确实保持着试验机有史以来连续使用时间最长的纪录,它也是成果最丰硕的空中飞行模拟器。自从 1957 年被用作空中飞行模拟器以来,它支持了多种飞机的研制,从 X－15 一直到 YF－22。另外,从 20 世纪 70 年代以来,它还支持了大量的航空研究,被用来训练大多数的美国空军和海军试飞员。随着 T－33 机群在 20 世纪 80 年代晚期退役,NT－33A 成为在空军服役的最后一架 T－33 飞机。飞机的机尾号是 1951。自 20世纪 80 年代中期以来,它是美国空军还在飞行的最老的飞机。

　　NT－33A 于 1951 年 10 月交付给空军,但一直停放在洛克希德的工厂中作为发动机-机身试验台使用。1952 年 6 月,该飞机飞到了通用汽车公司的艾利逊分部继续进行发动机的试验工作。1954 年 10 月,这架飞机交付给了位于纽约布法罗的科内尔航空实验室(现在的卡尔斯潘公司),被改造成了一台空中飞行模拟器。这项工作是按照与俄亥俄州莱特-帕特森空军基地的莱特航空发展中心(现在的莱特实验室)的合同进行的。

　　在随后的几年中,对这架飞机进行了广泛的改装。主要改装包括下列内容:

　　· 用 F－94 飞机(F－94 是一种以 T－33 机身为基础的截击机)较大的机头替换了原来的机头。较大的机头要容纳生成变稳响应和产生操纵杆感力特性所需的所有记录设备和模拟计算机。

　　· 拆除了前座的飞行操纵装置并安装了电动液压人感系统,即前驾驶舱中的操纵杆和方向舵脚蹬。这是用来模拟被模拟飞机的感觉特性,把前座飞行员的操纵杆输入转到计算机中(后座飞行员的操纵装置还是直接连接到舵面上,与正常的 T－33 一样)所必需的。

　　· 安装了连接到升降舵、副翼和方向舵上的液压作动器。它们都由计算机控制,使飞机按照需要的方式做出响应。

　　· 在后驾驶舱安装了变稳增益操纵装置。这些操纵装置与电视或收音机上的音量控制器相似,是直接连接到变稳计算机上的。这可以使安全飞行员校正飞机的飞行特性和操纵杆的杆力特性。这样,安全飞行员可增加或减少飞机响应的陡峭程度,让操纵杆变得轻或重,让振荡快速或缓慢消失。

20世纪80年代中期,NT-33在爱德华空军基地的上空进行试飞员教学飞行
（美国空军提供照片）。

NT-33的一个独特改装是在翼尖油箱上安装了减速板（美国空军提供照片）。

1957年2月,飞机以这种改装后的构型进行了首飞。随后进行了一年的检查飞行,检查了变稳系统的工作情况,并检验了飞机的全部能力。

NT-33在1958年7月第一次发生了意外,这几乎结束了它的飞行生涯。在强阵风条件下,当试图在一条又短又湿的跑道上着陆时,飞机打滑,一侧主起落架撞上了跑道灯的水泥底座。撞击造成了翼梁扭曲，无法修理。后来又协调了一个新的机翼，把飞机恢复成原来的样子。飞机最终在10月份又重新恢复了飞行。

NT-33A对变稳系统进行了多次升级，第一次升级于1959年年初进行，用锗晶体管替代了真空管电路。

NT-33A最终在1959年的11月和12月执行了其第一个研究项目。飞机转场到加利福尼亚州爱德华空军基地的空军试

20世纪70年代中期，NT-33正在与海军的KA-3加油机进行空中加油（卡尔斯潘公司提供照片）。

飞中心，进行了预测升力体再入大气层飞行器的操纵品质的一般研究。在不到6周的时间里，进行了100 h的试飞。

在1960年的夏天，NT-33A进行了许多"独一无二"的项目中的第一个项目，这个项目用于支持X-15研究机的研制（"独一无二"一词的使用有点儿过分，因为许多NT-33A研究项目都融入了一些新能力，或对飞机的使用在某些方面超出了原来的设计），这次是要模拟下降时的X-15。模拟从X-15以弹道再入状态，在零过载、超声速和70 000 ft高度开始。进行评估的时候，飞行员必须在机翼水平状态下开始拉起，最大达到过载4。模拟是通过"欺骗"飞行员完成的：给飞行员带上头罩，仅仅参考飞机的仪表进行飞行。飞行持续约100 s，飞行剖面图编程到NT-33的计算机中，当达到初始高度和马赫数时开始模拟。NT-33的飞行仪表由计算机控制。当被模拟的X-15下降时，NT-33的仪表就会指示出X-15的条件。当X-15下降到密度较大的空气层，速度减慢时，操纵品质大幅度改变。这是通过把NT-33的变稳系统增益设计为一个时间函数，使其在数据运行的任何时间都能反映X-15的特性而实现的。为了产生模拟持续拉起所需的过载，NT-33A在转弯的时候慢慢地倾斜，但飞行员的姿态仪表指示的却是机翼水平拉起。许多最终驾驶过X-15的试飞员都参与了这项模拟试验。

在1961—1962年期间，NT-33A经历了另一次系统升级。在这次系统升级中，标准翼尖油箱被改装成气动阻力减速油箱。每个油箱后端改成了液压作动面，这些作动面可以伸出到气流中产生高阻力。这个改装对于未来要模拟的以陡峭姿态进近的升力体再入飞行器是必要的。

在1962—1963年期间，该变稳飞机的地面模拟器能力也得到了发展，飞机成为了地基飞行模拟器的一个组成部分。NT-33A的基本空气动力学特性被编程到了一个辅助计算机中。这个计算机被连接到地面的NT-33A的计算机系统中。这两台计算机一起工作时，前座的飞行员就可以在地面的NT-33A上对以后要在空中进行的模拟飞行进行

演练。这个能力使多数的模拟都可以在地面进行,大大地减少了每次试验的建立时间和成本;还可以很容易地把 NT－33A 的模拟结果与其他地基模拟进行比较,极大地增加了试验结果的可信性。

在 1963 年和 1964 年进行了多次一般操纵品质的试验,目的是确定大小不同的各种飞机的操纵特性是否可接受。在 1965 年进行了模拟以支持升力体飞行器的研制。在这次模拟中模拟的是 M2F2 飞机(这种飞机是 X－24 的早期先行机型)。在 1966 年,对 X－24本身进行了模拟。

到了 20 世纪 60 年代的时候,人们认识到,未来的军用飞机必须广泛地使用增稳系统,以便在大范围的空速、高度、质量、外挂载荷和重心位置条件下执行任务的时候保持可接受的操纵品质。20 世纪 60 年代的末期,该机的大部分时间都花在了多项研究使用放宽静稳定性和电子增稳的项目上。这类研究对 F－15,F－16 和 YF－17 的研制做出了直接贡献。

该变稳机的另一种能力是在 1971 年开发的。通过对安装在翼尖油箱上的减速板的控制装置进行改进,使这些减速板可以不对称放出,从而产生偏航作用,用方向舵来消除这个偏航,就可形成一个净的侧向力。在 1971 年的晚些时候,NT－33A 参加了 A－9/A－10的竞标飞行演示,分别模拟了这两种飞机。这种侧向力能力在模拟 A－9 的时候发挥了至关重要的作用,因为 A－9 使用了类似的侧向力产生系统来获得对地攻击的精确瞄准。

1972 年,在 F－15 首飞之前,也使用 NT－33A 模拟了 F－15 的操稳特性,继续对现代战斗机的研制做出贡献。1973 年,在 NT－33A 上安装了一个空中受油探头对空中加油任务进行评估(空中加油是一种对驾驶技术要求极高的任务——如果飞机的操纵特性差,进行空中加油就可能会发生问题)。同样在 1973 年,在机上还安装了液压作动的侧杆,用以支持 YF－16 的研制。因为人们已经预计到了 YF－16 设计中有几个操纵品质的缺陷,所以对飞控系统进行了修改。在 1974 年进行了 YF－17 的模拟飞行,在一次着陆时,发生了"爆发性"的不稳定振荡,使得 YF－17 在首飞之前,对飞控系统进行了大量的重新设计。

1957 年,空军和海军试飞员学校都开始使用 NT－33A 来训练新试飞员。空中飞行模拟器是一种理想的工具,因为它的飞行特性很容易改变。试飞员在试验一种新型飞机的时候要描述所看见和所感觉到的,这是非常重要的。虽然试飞员在各种飞机上都进行过训练,但是,要搞清楚一架飞机与另一架飞机的细微差别还是很困难的。使用空中飞行模拟器就可以把这些细微的影响扩大,同时还可使所有其他特性保持恒定。这样就可帮助新试飞员区分这些差别,了解这些差别的意义所在。NT－33A 还被用来教授飞控系统的设计。新试飞员可以看见各种类型的增稳对被模拟的基本型飞机的飞行特性的影响,他们也驾驶具有中央杆和侧杆的飞机来体验差别。最后,还可以使用空中飞行模拟器演示真实飞机遇到的最新问题,并帮助探索纠正问题的方法。

1976 年,NT－33A 在圣·路易斯进行一项研究工作时差点发生灾难。当飞机爬升到试验区时,机翼开始颤振,翼尖油箱折断,并与机翼的外侧部分一起脱落。飞行员做好了弹射准备后,再次检查了飞机的可控性,确认飞机仍旧有足够的操纵能力,尝试着进行了着陆,并获得成功。在这次事故之后,空军准备建议 NT－33A 停止服役。幸运的是,政府和行业内的远见卓识之士对这架飞机的价值有着清醒的认识,他们说服空军一定要修复飞机,继续使用。飞机被分解,并更换了机翼。然而这一次,为了降低成本,并没有把翼尖油箱改装成阻力制动型,因为,当时并没有使用这种阻力油箱的现实需求,后来也再没有这方面的需求,所以从那以后,飞机一直保留着标准的翼尖油箱。

1978 年,海军正在研制 F－18,它是以 YF－17 原型为基础发展的。解决横滚操纵问题时,NT－33A 被用来模拟 F－18,以帮助研制一种飞控系统的修正方法。

1979 年,在飞机上安装了一种可编程的平显(HUD)。这种装置把姿态和其他基本飞行信息投射在飞行员的前方,这样,飞行员就不必把精力全部放在观察座舱仪表上(可以对外部环境进行更多观察)。先进行了一次评估,然后对几种不同的平显符号表示法进行了评估。自从安装了这个平显系统后,大多数被模拟飞机的平显都是在该机上进行试验的。

在 20 世纪 80 年代,NT－33 变稳飞机一直活跃在各种试验研究项目中。它执行了许多研究任务,试图确定为什么现代化飞机的设计技术还是不能预测出较差的飞行品质。随着多数新型飞机引入了数字计算机作为其飞控系统的"心脏",又冒出来了许多需要解决的新问题。NT－33 变稳飞机支持的飞机研制项目主要包括 AFTI/F－16(一架具有许多非常规飞控能力的特殊试验机)、"狮(Lavi)"战斗机(以色列的战斗机项目,后来取消)、JAS－39 Gripen(瑞典制造的战斗机,现已服役)和 YF－22。在 1991 — 1992 年期间,NT－33A 进行了许多研究项目,大量使用了可编程的平显。尽管所有现在的空军战斗机都使用了平显,但并没有一种标准的显示器,当进行仪表飞行时,平显还不能作为主飞行仪表使用。人们进行了大量的飞行,对所提出的显示器配置进行评估,以便帮助空军所有战斗机建立一种标准的平显格式。

NT－33 的最后一个大型模拟项目是评估印度研制的"轻型战斗机",这个项目在 1995 年进行。

经过了 35 年多的可靠服役之后,NT－33A 在 1995 年的中期仍在使用。虽然在空军的维修仓库中已经找不到技术支持、零备件和发动机了,但是人们还是准备了足够的零备件,保证这架飞机的飞行和进行非常需要的研究,直到其被 VISTA/NF－16D 空中飞行模拟器所替代为止。

图-154M 空中飞行模拟器

飞机型号:图-154M

任务:空中飞行模拟研究

使用期:1987 年——

负责机构:俄罗斯格罗莫夫飞行研究院

    俄罗斯的图-154M 空中飞行模拟器是由支持俄罗斯"暴风雪号"航天飞机研制的图-154B 空中飞行模拟器发展而来的。在 20 世纪 70 年代晚期和 80 年代早期,坐落于莫斯科郊外茹科夫斯基城的格罗莫夫飞行研究院研制了四架空中飞行模拟器。这些由图-154B 客机改装的飞机被专门用来模拟"暴风雪号"航天飞机,目的是研究和开发"暴风雪号"航天飞机的飞行控制律和操纵机构,对预测的飞行特性进行有人驾驶评估,并培训"暴风雪号"航天飞机的飞行员使用特殊驾驶技术。

图-154M 空中飞行模拟器的外表看起来类似于一架俄罗斯航空公司的客机(格罗莫夫飞行研究院提供照片)。

图-154M 空中飞行模拟器的驾驶舱。请注意驾驶舱中的平显、阴极射线管显示器、试验性驾驶盘和侧杆(格罗莫夫飞行研究院提供照片)。

由于图-154B 空中飞行模拟器的成功,格罗莫夫飞行研究院认识到了这样一种专用飞机支持其他研究的价值所在,随后研制了图-154M,从 1987 年开始使用。图-154M 设计为一种通用空中飞行模拟器,能够支持其他新型飞机的研制,并可执行其他飞行研究。研究内容如下:

- 研制数字和模拟飞控及发动机控制系统;
- 评估新型的飞行员驾驶杆,包括侧杆、操纵盘和推力杆;
- 制定验证标准和新的操纵品质准则,即确定一般类型的飞机对飞行员操纵所做出的响应;
- 进行人素研究和飞行员工作负荷试验;
- 研究平显和下显的显示符号和格式;
- 开发特殊驾驶技术。

图-154M 采用了常规驾驶舱布局,评估飞行员坐在左座,安全飞行员坐在右座。安全飞行员使用传统的机械操纵装置和仪表。如有任何即将发生的系统故障,或者即将达到系统限制的情况,安全飞行员都会收到警告。他可以随时按下位于操纵装置上的几个按钮中的任意一个,或者操纵驾驶盘接管飞机的操纵。如果迎角或过载接近限制,模拟系统会自动断开。

评估飞行员坐在左座,通过完全独立的数字或模拟电传操纵系统操纵飞机。这些操纵系统都可根据特定试验进行改变。各种感觉特性都可提前进行编程,在空中按需改变。

左座的显示包括下显和平显。下显是一台经过改装的商用计算机彩色监视器。仪表可显示在监视器上,新的、试验性的显示也可以用这些监视器显示出来。平显是用战斗机的平显改装的,颠倒安装在驾驶舱顶板上。两台显示器的显示都是用一台商用台式计算机生成的。在飞行中可选择不同的预编程显示器,也可按需要修改计算机的程序。其他信号(如前视红外相机的视频)可以和平显的显示混合起来。

在一台微型 VAX-2 数字计算机中建立被模拟飞机的模型,包括进行空气动力学、飞行控制律、发动机响应和操纵装置感觉特性的所有计算。另外,图-154M 有一套独特的遥测系统,与地面计算机系统连接。当需要额外的计算机能力时,飞行数据就会被传送到地面。数据在几毫秒的时间内被处理后又发送回飞机,供模拟使用。这个系统也可以让地面的工程师们监视飞机的性能。

图-154M 的正常机组人员为 7 人:两名飞行员、一名导航员、一名模拟系统工程师、一名项目工程师和两名与试验有关的专业工程师或观察员。

图-154M 被用于支持下列飞机的研制工作:安-70 涡桨运输机,宽体伊尔-96 客机和先进技术图-204 客机。它还被用于研发新型驾驶杆,研究新型显示器和飞行控制律,验证可接受操纵特性的范围,等等。

VFW - 614 ATTAS 空中飞行模拟器

飞机型号：Vereinigte Flugtechnische Werke VFW - 614

任务：空中飞行模拟和航空航天研究

使用期：1987 年—

负责机构：DLR（德国航空航天研究院）

主承包商：梅塞施米特·Boelkow·布洛姆公司（MBB）

ATTAS 是一架空中飞行模拟器，由 DLR（德国航空航天研究院，位于德国布劳恩斯威格市）研制和使用。ATTAS 的全称是先进技术试验飞机系统，在 20 世纪 80 年代中期研制，主要任务如下：

- 特定飞机的空中飞行模拟；
- 人素和飞行员工作负荷研究；
- 飞行品质研究和操纵系统优化；
- 空管研究；
- 航电设备和其他硬件的试验。

ATTAS 是用一架 VFW - 614 商用 44 座短程运输机改装的。VFW 与福克公司合并时，614 型飞机仅仅生产了 20 架，并于 1978 年停产。生产的这些 VFW - 614 飞机一部分由原联邦德国空军作为贵宾运输机使用，另外一部分则由丹麦和法国的航空公司作为客机使用。

ATTAS 是用生产的第 17 架飞机改装的，由原联邦德国空军提供给 DLR。VFW - 614 飞机非常适合于改成空中飞行模拟器，其设计很像喷气机时代的 DC - 3。这种飞机既结实又简单，使用也很经济。它的巡航速度为 285 kn，巡航高度为 30 000 ft，但着陆速度却很低，只有100 kn。装满燃油之后，还可承载约 7 000 lb 的设备。尽管 VFW - 614 的产量很小，DLR 还是采购了大量的零备件，从而保证了 ATTAS 能飞行很多年。

ATTAS 的研制始于 1981 年，当时 DLR 把大部分改装合同承包给了位于不来梅市的MBB。这些改装包括，用可独立工作的三段襟翼更换了标准襟翼；安装了新的作动器、发动机传感器、天线座和电源系统等。DLR 研制了计算机系统、驾驶舱、测试设备、集成航电设备、遥测系统和一个 16 ft 长的碳纤维复合材料机头空速管安装杆，其中有测量空速以及迎角和侧滑角的传感器。

左座被改成了评估飞行员的座椅。标准的机械仪表被两个阴极射线管显示器替代。中央操纵盘被一个电传侧杆取代，侧杆的特性可进行编程，以匹配假想杆或真实杆的特性。安全飞行员坐在右座。如果发生了潜在危险，他的操纵装置可迅速断开评估飞行员的操纵。在评估飞行员驾驶的时候,自动配平系统可以把飞机保持在配平状态,这样,安全飞行员接管飞机操纵时的瞬间过渡最平稳。

除了前部评估飞行员位置以外,在乘客舱中还有另一个评估驾驶舱。在这个位置上可以试验未来的驾驶舱设计和显示器。计划进行以下各项研制和试验:声音控制、触摸屏和与空管的直接数据链接。评估飞行员在这个驾驶舱中飞行的时候看不见外面。

计算机系统包括 7 台 Loral/Rolm MSE 14 和 Hawk 32 数字计算机。有一个光学数据总线把计算机连接到飞行员的操纵装置和显示器上。

ATTAS 系统的另一个重要部分不参与飞行,也从未放在飞机上。这就是一台地面模拟器设施,它复制了 ATTAS 的计算机系统和评估驾驶舱。当 ATTAS 飞机执行其他项目任务时,这个设施可用来在地面为新的模拟试验进行编程和检查工作。

1985 年 9 月份,完成了全部机身改装的 ATTAS 交付给 DLR。DLR 安装了剩余的各种系统。完整的 ATTAS 在 1986 年 12 月进行了首飞。

在 ATTAS 上进行的研究项目和模拟试验包括空客 A‑300 客机、赫耳墨斯(Hermes)再入大气层飞行器(这是未来的欧洲航天飞机,但后来被撤销)、印度尼西亚设计的 N250 支线运输机、空中和地面模拟器的比较以及参数识别技术的改进(用以从飞行试验结果中导出飞机气动参数数值的方法)。

ATTAS 空中飞行模拟器放下襟翼来产生直接升力(DLR 提供照片)。

ATTAS 空中飞行模拟器是用一架 VFW‑614 双发喷气运输机改装的(DLR 提供照片)。

卡尔斯潘利尔喷气(Calspan Learjet)空中飞行模拟器

飞机型号:利尔喷气 24、利尔喷气 25

任务:试飞员训练研究

使用期:1981 年—

负责机构:卡尔斯潘公司

俗话说,一张图片顶得上一千个文字。当给试飞员和工程师讲解如何区分各种飞行特性和描述飞机是如何飞行时,这句俗语再合适不过了。飞机动力学的相互作用非常复杂,很难进行区分和解释,除非用空中飞行模拟器进行演示。两架卡尔斯潘公司的利尔喷气变稳飞机大概是世界上最为出名的试验机,它们主要用于培训飞行员和工程师来对飞行特性进行评价。

在过去的很多年中,工程师们开发了复杂的分析技术,从数学的角度研究飞行特性。这些技术在地面用于分析不同的影响并对这些影响进行分类是有用的,但却不能给飞行员提供飞机在空中的感觉,也不能帮助飞行员区分不同特性的许多复杂的相互影响。卡尔斯潘利尔喷气变稳飞机则成为理论和实践之间的桥梁。

第一架卡尔斯潘的利尔喷气变稳飞机是在 20 世纪 70 年代的晚期研制的,用以替换美国空军和美国海军试飞员学校所使用的过时的 B-26 变稳飞机。在 20 世纪 70 年代早期,人们意识到,B-26 变稳飞机不可能无限期地使用下去,于是在 1974 年进行了一项研究,选择一种合适的替代产品,但没有一种军用飞机能满足所有的要求。因此,研究对象扩展到了民机领域,最终选择了利尔喷气飞机。

选择利尔喷气飞机的主要原因是飞机的结构强度(过载 $+4.4g$ 到 $-1.76g$)和高推重比。进一步的研究表明,可以对利尔喷气飞机进行改装,安装所有需要的计算机、记录设备和液压系统,并增设观察员座椅和额外的试飞工程师位置。利尔喷气飞机具有很大的法向加速度、速度和高度包线,它几乎可以完成学员试飞员在培训过程中必须完成的高性能战斗机的全部机动动作。

空军试飞员学校与卡尔斯潘公司签订了一个合同,委托卡尔斯潘公司进行这种变稳飞机的设计和制造。按照合同条款约定,卡尔斯潘公司购买并拥有这架飞机,而空军试飞员学校则拥有机上的独特系统并负责改装费用。卡尔斯潘公司选择了从盖茨·利尔喷气机公司购买一架型号为 24 的试验机。之所以选择这种特殊的飞机是因为飞机上已经有了一些所需的测试设备和布线,已经飞行了一些飞行小时,机内也进行了一些装饰(大部分装饰都会被废弃)。

飞机的改装在 1981 年完成,新的注册号是 N101VS。这架飞机的外部与标准的利尔喷气飞机的区别是在机头的两侧分别增加了一个辅助迎角传感器,在机头下面增加了一个侧滑角传感器,在腹鳍下增加了一个突出物来放置方向舵作动器。在飞机的内部,右座椅被改成了学员座椅,有一个电传中央驾驶杆、方向舵脚蹬和侧杆。中央驾驶杆和方向舵脚蹬是可编程的,可生成大范围的人感特性。为了节省费用,空军试飞员学校提供侧杆组件,这个组件就是从停在校门外的 NF - 104 飞机上拆下来的。

在随后的 10 周时间里,飞机进行了 17 次飞行试验,完成了研制试飞大纲。在这些飞行中,试验了变稳系统的接入和断开工作情况,并在接入变稳系统和断开变稳系统条件下,扩展了飞行包线,澄清了飞机的颤振特性,确定了产生的气动参数的范围,最终确定了用于演示/验证的实际构型。

第一架卡尔斯潘的利尔喷气变稳飞机在海军试飞员学校的上空飞行(美国海军提供照片)。

第二架利尔喷气变稳飞机,通过两个额外的窗口很容易辨认(卡尔斯潘公司提供照片)。

　　这架利尔喷气变稳飞机的气动力利用一台模拟计算机计算。在计算机中必须设定64个值来确定特定构型的气动力。这64个值,即系统增益,由一个数字构型控制系统控制。计算机中最多可存储128种完整构型。如果想在预先编程的构型之间变换,安全飞行员只要选择构型编号,或按照构型所存储的顺序选择就可以了。这一点比NT-33A变稳飞机先进很多:在NT-33A上,必须手动设置35个参数才能确定一种构型。

　　如果一名学员难以发现一种给定构型的细微影响,安全飞行员可以调整专用系统增益,使这种影响更明显。如果一种改装构型有利于给其他学员展示,这种构型就会储存在数字构型控制系统中以便调用。

　　1981年的春天,N101VS在海军试飞员学校为学员执行了首次教学任务,然后很快就转给了空军试飞员学校。在很短的时间内,NASA,FAA和其他几家飞机制造商开始为各自的飞行员和工程师购买类似的教学时间。对这种飞机的需求实在太大了,卡尔斯潘公司迅速制造了第二架利尔喷气变稳飞机,并在1991年的春天投入使用。

　　第二架利尔喷气变稳飞机的型号为25,是在民用机市场购买的一架旧飞机,新注册号是N102VS。之所以选择型号25是因为它的机身较长,可以放置更多的设备,以备将来飞往欧洲,需要更远的航程。为了节省研制成本,这架飞机上的变稳系统实际上是原始系统的克隆版。

　　N102VS很快成为了一种在欧洲常见的飞机,在英国皇家空军的帝国试飞员学校、英国的私立国际试飞员学校、法国的空军试飞员学校和瑞典的SAAB公司用于训练飞行员和工程师。飞机的计算机能力得到扩展,可以用作空中飞行模拟器来支持商用飞机项目。在这一方面,它支持了塞斯纳公司、瑞典的SAAB和印度尼西亚Nusantar飞机公司的新型飞机研制。

　　空中飞行模拟器到底是怎么用来训练试飞员的呢?它又是如何把理论和实践相结合的呢?首先,学员需要进行一段时间的理论学习,系统掌握传统和现代的稳定性和操纵性理论知识,这些课程相当于研究生的工程课程。学员们需要学习或复习用于研究和预测飞机运动的分析技术(大多数试飞员都有理工科学位,其中许多人已经获得硕士学位)。在每次飞行前,他们与安全飞行员一起审查将会在飞行中遇到的每种构型,审查那些用来预测飞行情况的方程,并检查每种构型的图形表示。当他们飞行时,在对每组气动力进行采样之前,他们的脑海中就会出现这些图线,就会想起在不同的构型时图线是如何变化的。

　　在空中,应当在飞机飞行良好的情况下进行验证。试飞员先飞几分钟,获得对飞行特性的感受,然后教官改变短周期频率,即一个急剧杆输入之后,快速俯仰振荡。紧接着把频率变快,飞机的响应就更快,到达让人感觉不舒适的那个点。对紊流的响应也会让人不舒服。这时,增加阻尼,运动快速消失,就会感觉舒适了,但响应却要快得多了。把操纵杆的传动比降低,这样,要产生同样的俯仰速度,就必须增加杆的运动行程。现在感觉到飞机行动迟缓了,因为需要更多地移动杆才能获得相同的运动,但松杆之后的响应没有变化。把重心前移,飞机又会变得迟缓。现在,把重心后移,杆变得非常轻,俯仰阻尼也减少了。飞行员发现,要把机头指向所需的方向很难。最终,当重心后移通过了某个点时,飞机就会变得不稳定。有多少飞行员能有机会驾驶一架不稳定的飞机呢?这些构型仅仅是一百个构型中很少几种验证过的构型,用来教授稳定性、操纵性和操纵品质。

所有这些教学飞行都是相对安全的,因为利尔喷气飞机的外部没有任何改变。变稳系统使标准舵面可以做所有的工作,这样,飞机就会按照计算机中的预编程序对学员指令做出响应。如果学员出现了问题,安全飞行员就可恢复对飞机的操纵,他随时准备着。

喷气星(Jetstar)通用空中飞行模拟器

飞机型号:洛克希德公司的喷气星

任务:空中飞行模拟,通用飞行研究

使用期:1965 年—

负责机构:NASA 德莱顿飞行研究中心

主承包商:科内尔航空实验室

　　20 世纪 60 年代早期,NASA 的一个重要任务是支持超声速运输机的研制。由于空中飞行模拟器研制的进展,NASA 决定要有自己的空中飞行模拟器来支持超声速运输机的研制。这样,在 1963 年 1 月,NASA 购买了一架新的洛克希德公司喷气星公务飞机,准备改装成一架空中飞行模拟器。计划开展的试验包括评估飞机的飞行品质,研制自动和手动操纵系统,优化仪表显示,以及开发训练技术等。之所以选择喷气星是因为在 40 000 ft 的高度上,它的飞行速度能够达到 550 mile/h(1 mile/h=1.609 km/h)以上。

　　1964 年 6 月,位于纽约州布法罗市的科内尔航空实验室(现在的卡尔斯潘公司)获得了研制合同,负责通用空中飞行模拟器(即 GPAS)的研制,主要是相关系统的设计和安装。设备包括一台机载模拟计算机(使用了模型跟随控制律)、数据记录设备和左座飞行员使用的液压飞行控制装置。右座飞行员为安全飞行员。系统可独立控制飞机的俯仰、滚转、偏航和前行运动。另外,还有一个座位是试飞工程师的座位,他操作计算机并设置要飞行的每一种构型,还有两个座位是观察员的座位。1965 年 11 月,GPAS 在完成改装之后交付给 NASA 德莱顿飞行研究中心。

GPAS 正在进行层流研究。请注意,机翼上的油箱被拆除了(NASA 提供照片)。

在 20 世纪 60 年代,该空中飞行模拟器进行了一系列研究项目。其中有下列项目:

· 模拟 XB-70 Valkyrie,来评估飞行品质和训练飞行员。

· 模拟 HL-10 升力体,它是 X-24 的前身。不幸的是,这个模拟项目仅仅在飞行了两次后就结束了,原因是 GPAS 无法复制无机翼的 HL-10 的快速运动。

在机身安装架上安装了缩比无涵道风扇的 GPAS。请注意在机头下面安装的
测试仪器安装杆(NASA 提供照片)。

早期的 GPAS 飞机,当时还没有增加机身安装架(NASA 提供照片)。

· 研究地面模拟器的视觉和运动感受要求(即便是能够进行大幅度运动的模拟器也不能完全复制一架真实飞机的所有运动,模拟器的运动被"洗出"以便把驾驶舱保持在运动系统的限制之内。运动是如何产生的,飞行员如何感受这些运动,这些对于飞行员如何评价飞机的飞行特性有很大的影响。为了进行这项实验,把地面飞行模拟器上使用的各种运动方案都复制到了 GPAS 上。飞行员在 GPAS 上飞行的时候,只用仪表,而且严格限制驾驶舱外的能见度,就像在地基模拟器的驾驶舱中的机动飞行一样)。

在 1971 年夏天,开始对 GPAS 的能力进行多项升级,这些升级包括,把襟翼改成直接升力襟翼,并增加一个侧力发生器,安装一个新的飞行指引系统和一套新的数据记录系统。

1972 年,GPAS 开始了一系列试飞来确定可接受的乘客乘坐品质(不仅仅是飞行员关注一架飞机的响应——如果乘客不喜欢这架飞机,他们是不会去乘坐它的)。有 30 名 NASA 德莱顿飞行研究中心的雇员作为受试人员,乘坐 GPAS 进行短程飞行,并在飞机上阅读、书写和享用航空餐。受试人员对飞机执行这些任务的能力进行评级,而飞机的测试系统记录飞机的所有运动。把这些结果与来自定期航班的乘客的类似评价进行了比较。按照这个项目,GPAS 进行了一系列的数据采集飞行来确定飞机对紊流的响应,从而发展出准确模拟紊流响应的方法。后来,模拟计算机系统更换成了数字计算机系统。

1972 年,NASA 正在研究开发一种航天飞机专用空中飞行模拟器的可行性。为了获得数据并取得实际经验,用它们来评估技术建议,使用 GPAS 来模拟最终进场的航天飞机。这项试验的结果对航天训练飞机的最终研制提供了帮助。

在1973年的能源危机发生后不久,NASA参与了一项提高运输飞机能源使用效率的研究工作。飞机能源有效性研究项目由NASA兰利研究中心(位于弗吉尼亚州)管理,目标是,在1985年之前开发出把燃油消耗降低20%~40%的技术。这项研究的一部分工作是在GPAS上进行的:研究昆虫撞击的影响。大家一直认为这种撞击所造成的表面粗糙度是一种阻力源。实际上,因为昆虫造成的表面粗糙度可破坏层流的流畅性,使当时正在研制的层流机翼的低阻力优势不复存在。

这项研究试验了不同材料和方法,以防止昆虫撞击并附着在机翼前缘上从而破坏层流流畅性。在机翼前缘段涂覆了四种不同的材料:特氟龙带、特氟龙喷液、风挡涂层和雷达天线罩防雨剂。第五段为铝制的,被用作控制段。测试传感器安装在机翼前缘上表面来测量气流并确定是否从层流变为紊流。在另一项试验中,安装了一套压力喷水系统,上面每隔4 in(1 in=2.54 cm)有一些小喷嘴。人们对这个系统进行了评估,来确定其在飞行中冲洗昆虫的有效性。结果是,只要保持表面的湿度,就可保持表面的清洁度。

在1973年和1974年,人们对几种"乘坐平稳(ride-smoothing)"的飞控系统进行了评估。当飞机在紊流中颠簸时,这个系统可感应到,并自动操纵飞控装置来尽可能地保持飞机水平。系统通过感应飞机的运动进行工作。如果没有相应的飞行员指令,计算机就会认为运动是紊流引起的,并自动移动飞控装置进行补偿。在其中的一次飞行中,由于飞机超过了最大允许过载,飞机严重受损,从此退役。人们最后决定更换机翼,让GPAS重新服役。然而,由于变稳系统已被拆除,它再也不能作为空中飞行模拟器使用了。

当航天飞机准备开始飞行试验和发射工作时,GPAS被用来验证微波扫描束着陆系统的工作。这个系统提供非常精确的导航信号,把航天飞机引导到跑道上。在GPAS上安装了接收机和显示硬件,模拟了航天飞机的进场飞行来确认系统的工作状况。试验于1976年在爱德华空军基地进行(这是在航天飞机从波音747载机上发射之前进行的),然后于1978年在肯尼迪航天中心和于1979年在白沙导弹靶场进行,验证这些系统的工作。

在20世纪80年代早期,NASA的飞机能源有效性项目研究了新的螺旋桨设计,这个设计可保证涡桨在接近喷气巡航速度(在35 000 ft的高度上马赫数为0.8)时的效率。这种螺旋桨(一般有8或10片大后掠的桨叶)被称作为桨扇。人们预计可节省40%燃油。然而,必须解决噪声和振动过大的问题。利用风洞不可能采集到所需数据。GPAS又一次"应征入伍"。这次是作为飞行试验平台,对这类桨扇的比例模型进行飞行试验的。

在GPAS机身的顶部安装了一个3 ft高的安装架,在安装架的上面是一台195 hp(1 hp≈735.498 75 W)的涡轮发动机。各种各样比例的桨扇模型连接到发动机上进行飞行试验,典型的被试螺旋桨的直径为2 ft,大约是实际尺寸的1/7。在飞机上还安装了28个埋入式麦克风,以及蒙皮加速计来测量振动。在两年的时间内对多种模型进行了试验。

最后一次飞行是在 1982 年 9 月进行的,由 NASA 利尔喷气机以贴近编队方式伴飞,伴飞飞机上装备了麦克风,从 800 ft 的距离测量噪声。

1983 年,GPAS 开始了另一项试验项目,支持层流研究。飞机的全面改装大约进行了一年。在机翼前缘上增加了一个吸气系统,这可以保持气流从机翼表面上平稳地流过,极大地减少了阻力。两侧机翼上使用的机械装置不同。左机翼有 27 个顺翼展方向的缝隙,每个缝隙的宽度为 0.003 in。右机翼有大约 100 万个孔,每个孔的直径为 0.002 5 in。水和乙二醇的混合液(在 1976 年的试验中验证过)喷洒在机翼上防止昆虫、冰、烟灰和工业污染物附着。1984 年 5 月,当进行这个项目的系统验收飞行时,GPAS 实现了第 1 000 次飞行。

在实验室条件下,这个系统的节油能力达到 20%～40%。真实的试验需要在典型的航线工作条件下进行。在 1985 年夏天,为了进行这项试验,GPAS 飞进飞出于全国的各个主要机场。每天要进行两次到四次飞行,都是在中午和黄昏的时候,这是昆虫活动的高峰时间段。因为这些飞行是要复制典型的航线工作条件,大的航空公司都作为顾问来保证试验条件尽可能地接近真实。

在 20 世纪 90 年代中期,GPAS 还一直都是一架很活跃的研究机——在经过了 30 年之后,仍然在 NASA 德莱顿飞行研究中心以外飞行着。

JF－100 变稳飞行试验台

飞机型号：北美 F－100C

使用期：1960—1964 年

负责机构：NASA 德莱顿飞行研究中心

NASA 的 JF－100 变稳飞机是另一架研究飞机，有关它的现成信息寥寥无几。随着岁月的流逝，对这架飞机的记忆已经很模糊了，只有一些零散的资料与其他报告文件所提及的点滴信息。

JF－100 变稳飞机由 NASA 阿姆斯研究中心用空军的一架 F－100C 改装而成，于 1960 年移交给 NASA 德莱顿飞行研究中心。"J"表示飞机为特殊试验任务被改装过，但改装的不多，可以复原成标准构型。飞机的注册号是 53－1790，这显然是从空军获得的，但没有关于这架飞机早期服役的信息。

飞机具有一套模拟变稳系统，能够改变飞机的俯仰、滚转和偏航运动。另外，副翼由飞控计算机单独驱动，可以同方向偏转产生直接升力。飞控计算机可以完全控制副翼和方向舵，但水平安定面的偏转行程被限制在±5°。这是因为 F－100 的全动式尾翼非常大，如果计算机生成的指令计算失误，飞机很快就会失去控制。

飞机使用两台 16 mm 摄影机和一台照相示波器（实际上就是一台条带记录器，用光束在感光纸上进行记录）对试飞过程进行记录，总计可以记录 26 个通道的飞机数据。

有趣的是，JF－100 是一种单座飞机，飞行员要同时执行评估和安全飞行员两个人的任务。如果飞行中飞机难以控制，飞行员就会按下两个开关中的一个来断开计算机，使飞机恢复 F－100 的飞行特性。机上还配置了一些自动安全监控装置，如果超出预设数值，这些安全监控装置就会自动断开电传操纵系统。

JF－100 在其短暂的生涯中完成了几个研究项目，包括超声速运输机飞行品质研究，X－15 特殊驾驶技术拓展（给控制杆输入快速离散脉冲信号，然后退回，等待飞机的响应），以及利用直接升力改进空中加油精确度的研究等。

1964 年，JF－100 变稳机从 NASA 德莱顿飞行研究中心退役，但无法确定它的最终去处。有关这方面的信息很可能隐藏在各种报告中的某个地方，有待未来的研究人员发掘。

20 世纪 60 年代，NASA 把一架 F－100"超级军刀"改装成了 JF－100，对许多飞行领域进行试验。照片中这架试验飞机停在爱德华空军基地的湖床上（NASA 提供照片）。

第二部分
飞行试验台

最被认可的一类独特飞机(到目前为止数量最多的)是所谓的飞行试验台。这些飞行试验台都是对当前的生产型飞机或以前生产的飞机进行改装,用于试验或验证一种或多种新技术。

这些飞行试验台的改装是多方面的。首先,可以对机身本身进行改装,进行军械或发动机的试验;其次,也可以改变机翼来试验新的气动概念;当然,也可以在机身上增加新的整流罩、传感器和天线等,并开展相关试验;同样,这些飞机还可用于试验新的制导和飞行技术,只要把内部软件修改一下就可以了。这类飞行试验台的改装非常广泛,不可能逐一列举清楚。

要想在一年的时间里,找出世界上全部的飞行试验台,并予以详细介绍几乎不可能。因为,自从制造出第一架飞机开始,飞行试验台的研制和使用就一直在进行着。这种行为一直到现在仍在继续,20 世纪 90 年代的一个例子是用新型 YF-23 战斗机的原型机作为试验台开展试验。

空中飞行试验台的明显优势是它的经济性、时间进度有保障和安全性。改装一架现有的飞机(仅仅通过改装就可获得相应的试验功能)可在短期内花最少的经费来完成,而且风险最低。当然,在削减军事开支和紧缩民用预算的时候这种优势更明显。

A－5A"民团团员(Vigilante)"SST 模拟飞行试验台

飞机型号:A－5A"民团团员"
任务:超声速运输机进场技术研究
使用期:20 世纪 60 年代一
负责机构:NASA 德莱顿飞行研究中心

　　1963 年,NASA 德莱顿飞行研究中心计划开展一项飞行试验研究任务,A－5A"民团团员"飞机的气动构型最适合开展这项研究。低展弦比后掠翼没有副翼,而飞机的吹除式襟翼适合进行低速模拟,扰流板和可偏转尾翼适合进行高速模拟。另外,这种飞机采用可变几何结构进气道。这架飞行试验台的任务是支持超声速运输机(SST)的研制。这架特殊的飞机是借用美国海军的。

　　利用这架飞行试验台在 20 世纪 60 年代中期进行的实际试验,是要确定在稠密的空中交通网络中使用 SST 所固有的问题。首先使用这架飞行试验台在交通不繁忙的条件下进行探索:超声速进场一直飞行到最终进场阶段,并最终到达洛杉矶国际机场的飞离区。

　　与超声速飞行剖面相关的驾驶问题似乎是小问题,主要是在飞行剖面中,大速度和大高度时段的速度和高度波动问题。另外,在经过陡峭爬升之后改平飞机时,存在过度响应的趋向。利用这架空中飞行试验台进行的试验评估表明,把 SST 飞行操作融入普通民航喷气客机只出现了一些小问题。

　　这架 A－5A"民团团员"飞机由 NASA 使用,在命运不佳的美国超声速运输机项目中用于模拟进场试验(NASA 提供照片)。

A－6A 环量控制机翼(CCW)飞行试验台

飞机型号:A－6A
任务:低速进场能力研究
使用期:20 世纪 70 年代后期
负责机构:美国海军
承包商:格鲁门宇航公司

那些年,亚声速机翼的创新目标主要有两个:改善短距起飞和着陆性能,以及提高燃油效率。在 20 世纪 70 年代后期,美国海军发起了环量控制机翼(CCW)研究项目,把任务明确地锁定在了能够产生显著应用成果的第一个目标上。

这个研究项目于 1979 年完成,总共进行了 21 次试验飞行。这些试验飞行验证了进场速度和着陆滑跑距离都大大减小。例如,在最后一次飞行试验中,A－6A 飞行试验台的着陆滑跑距离仅仅只有 1 075 ft,而这种飞机(未改装构型)的正常着陆滑跑距离大约是 1 700 ft;另外,验证的进场速度最低只有 78 kn,非常惊人,而标准 A－6A 的进场速度为 120 kn。

这个研究项目由海军舰船研究和发展中心(位于马里兰州贝塞斯达)的大卫·W. 泰勒先生负责管理,格鲁门宇航公司是主承包商。

这架海军的 A－6A 轰炸机在 20 世纪 70 年代后期改装,用来模拟低速进场。在这张照片上看不见修改了的后缘,但可以看见防失速翼刀(美国海军提供照片)。

从两台发动机喷口下面可以看见对这架飞行试验台的改装。原理是从排气中抽出引气，通过专用狭槽把这些引气直接导向每侧机翼后缘。

很显然，为了极大改善飞机的能力，需要进行相当多的改装。换个角度看，这些改变也是很有趣的。

CCW 概念是使用机翼前缘的"柯恩达（Coanda）"效应来增加飞机的升力。引气从安装在飞机机翼翼根的两台发动机引出，进入一个歧管，然后从歧管进入到每一个机翼后缘的钛和钢结构中。

这些钛和钢结构实际上使机翼后缘的截面为圆形。引气沿着每个结构件上部的窄缝进入，形成了围绕结构表面流动的一层气流。引气紧贴着圆形结构，然后以某个向下的方向离开后缘。

这种复杂的布局增加了机翼的总气流量或环量，最终产生更大的升力。这个系统的一个优势在于一台发动机不工作的条件下它所具备的能力。人们发现，在这种情况下，CCW 概念使升力的下降呈现均匀分布状态。

如果 CCW 系统以后缘吹气的模式工作，每台发动机的排气仅仅只有大约 12% 被作为引气使用，这就等于通过每个喷管引气的最大流量大约为 12 lb/s（1 lb/s＝0.454 kg/s）。来自发动机的引气的温度约为 700℃，在到达后缘结构之前仅仅只能冷却约 40℃。

因为 A－6A 显然最开始并不是为 CCW 任务而制造的，所以，必须对飞机结构的其他部分进行修改,使飞机能完全与所开展的研究任务兼容。首先,重新配置了水平安定面,增加了面积,颠倒了它的弯度;增加了缝翼的半径,并固定在 25°;用固定的"Krueger"前缘缝翼替代了翼套整流片,在每个后缘喷管的机翼外侧增加了加大的翼刀。

海军很早就对 CCW 技术感兴趣了,在 20 世纪 60 年代即开始对这个概念进行基础研究。后来,在 20 世纪 70 年代决定用一架在役的飞机试验这个概念。A-6 的气动特性以及这种飞机有两台发动机对其入选发挥了作用。合同于 1977 年授予了格鲁门公司,而最终飞行是在 1979 年进行的。

使用这架特殊的生产型飞机试验台很明显是要为航母环境下应用这种技术而做出的选择。但是,即便是这个项目展示了很有希望的结果,这项技术最终也随着研究项目的结束而消亡了。

更不幸的是,很有希望的 CCW 概念再也没有出现在未来的任何飞机上。

B－47 电传操纵飞行试验台

飞机型号：波音 B－47E

任务：电传操纵研究/验证

使用期：1967 — 1969 年

负责机构：飞行力学实验室

主承包商：液压研究和制造公司

20 世纪 50 和 60 年代，飞机设计朝着高性能、长航程和多任务能力的方向发展。为了实现这个目标，飞机的部件和系统必须更轻、更可靠和更好维护，并且，可以更容易根据任务要求的改变而升级。

长久以来，人们一直认为在飞机的飞控系统中更多地使用新技术可以帮助达到这个目标。操纵盘到舵面之间的传动钢缆、提升活门顶杆和曲柄摇臂是一个非常复杂的机械系统。这套传动系统需要穿过机身和机翼内又长又直的通道，需要经常进行调整，它们极易受到战斗损伤，很难有冗余。

多数高性能飞机的舵面上已经使用了液压助力器来减小飞行员操纵飞机所施加的力。电传操纵的概念就是用电线更换从操纵盘或驾驶杆连接到舵面的许多机械组件。当飞行员移动操纵装置时，就会产生电信号，这些信号被发送到舵面作动器的电控制阀门上，阀门就会打开或关闭，使舵面运动。

最早用来研究电传操纵能力的一种试验机就是这架 B－47。现在，这架飞机在空军博物馆中展览，又被涂成了作战颜色（美国空军提供照片）。

这个项目完成之后这架飞行试验台就出现在这里。请注意机头上的玻璃窗和尾翼下面的进气道现在还在原来的地方(美国空军提供照片)。

全电传飞控系统的第一次飞行演示是在一架 B - 47E 上进行的,飞机的序列号是 53 - 2280。这架飞机由第 4950 试验联队使用,但是关于这架飞机早期的信息,我们知之甚少,只知道这架飞机一直在莱特-帕特森空军基地服役,在它的整个服役生涯中,到底属于基地的作战轰炸机联队还是属于试验联队,我们并不知晓。

对于试验飞机,传统的做法是在飞机上喷涂研究项目的标志,但是 53 - 2280 号却与标准的 B-47 没有任何区别。仅有的外部差别就是在后机身的右侧,水平尾翼的下方有三个小进气口(用于液压冷却),在机头的前面有一个小窗口(窗口后面安装了一个摄影机),在舱盖的下面有空军系统司令部和航空系统分部的徽章。

B-47 电传项目的目的是研究和演示俯仰轴的电传系统,验证长久以来所猜测的各种优势。这个项目分三个阶段。

第一阶段:在常规操纵杆上安装一个位置传感器,这个传感器产生一个与飞行员俯仰指令成比例的电信号。电缆连接到与标准作动器平行安装的升降舵作动器的电阀门上。第一次飞行是在 1967 年 12 月。到 1968 年的 8 月,飞机飞行超过了 45 h,包括着陆后连续起飞。

第二阶段:安装了一个侧杆控制装置取代了驾驶盘。另外,还测量了飞机的运动(如俯仰速度和俯仰加速度)。在飞行员的杆输入上增加了与这些数值成比例的电信号来改变飞行特性。在空中,试飞工程师可以调整侧杆的敏感度,以优化人感特性。这两种能力使飞行员更容易精准地操纵飞机。当使用电传系统时,飞行品质评定一直优于标准B-47。1969年1月到5月之间总共进行了34 h的飞行评估,包括跟踪地面目标和进行仪表进场。

第三阶段:用四余度电液作动器(未来实际使用的作动器)更换了早期使用的无冗余系统。这种作动器可监控自身工作,可检测出故障并进行修复。另外,用一个力梯度较小的新侧杆替代了第二阶段使用的侧杆。评估飞行试验共进行了12架次(18 h)。试验期间,故意插入了3个不同类型的故障,系统成功地检测出了故障,并全部修复。

1969年11月,B-47电传操纵项目结束,这架飞行试验台完成了最后一次飞行后飞到空军博物馆进行静态展览。项目中所使用的大部分设备都被拆除了,飞机最终被重新喷涂成了作战的B-47的颜色。从飞机的外部看,除了仍旧保留的机头窗子和额外的进气道外,53-2280号就像是一架标准的B-47E飞机。虽然在文件中找不到文字记载,但这架飞机确实还参加了其他试验项目,飞机内部仍旧存在的各种各样独特的、不能辨认的设备就可以明确地说明这一点。

YA－7D DIGITAC 飞行试验台

飞机型号：YA－7D"海盗Ⅱ"

任务：数字飞控技术研究

使用期：1975 — 1991 年

负责机构：俄亥俄州莱特–帕特森空军基地莱特实验室

主承包商：霍尼韦尔公司

　　DIGITAC A－7 是一个试验项目，目的是演示和验证数字飞控的可行性。DIGITAC 代表战术战斗机的数字飞控。20 世纪 60 年代，数字计算机更小、更轻、更便宜和更可靠了，它们执行飞机飞控计算的潜力显而易见。飞控计算机是高性能飞机系统的关键部分，能使飞机在较大的飞行包线内更容易控制。大多数战斗机使用的模拟计算机很可靠，但是太重，耗电量也太大。因为计算越来越复杂，所需的电路也就更多了。还有，系统的升级需要不断生产新的电路板并添加安装到计算机上。而数字计算机具有一种优势：只需更换软件就可完成系统升级。

　　位于俄亥俄州莱特–帕特森空军基地的飞行力学实验室是最早倡议使用数字飞控技术的单位，它发起过几项研究，研究认为确实可以使用数字计算机进行飞行控制，也可以克服各种限制。1973 年，莱特实验室准备在一架真飞机上验证数字飞控概念。在对几种有潜力的飞机进行了研究之后，选择了 A－7 作为执行这项任务的最合适的飞机。

DIGITAC 项目使用"海盗Ⅱ"战斗机作为飞行试验台。除了飞机所携带的高清标记和试验吊舱以外，这架 A－7 似乎很平常（美国空军提供照片）。

在 DIGITAC 项目的这一阶段，A－7 试验台的机身侧面喷涂了有趣的
图案（美国空军提供照片）。

从爱德华空军基地得到了一架 YA－7D 飞机，飞机的编号为 67－14583，是海军"海盗Ⅱ"的空军 A－7D 版的原型机，这架飞机原来一直在爱德华空军基地进行跑道拦阻系统试验。

霍尼韦尔公司的航电系统分部对该飞机进行了改装，改装内容包括用一台双通道数字计算机系统更换了模拟飞控计算机。数字计算机中的许多内部参数（被称作系统增益）可通过驾驶舱中的开关和调谐按钮进行调整。这就使飞行员可以根据相同的杆输入让飞机做出不同的响应。计算机上有一种内置自检功能，能使每台计算机对本身和其他计算机进行监视，如果检测到问题可以采取纠正措施。这些措施包括，如果需要的话，使本身和其他计算机下线。有一个记录系统可以把飞行员的输入、舵面和飞机的运动以及各种内部参数记录到计算机中。记录器和其他所需的电子设备安装在右机翼下面的吊舱中。为了保持平衡，在左机翼安装了一个假吊舱。

1975 年 2 月，DIGITAC 进行了首飞，随后进行了所有系统的检查飞行和包线扩展飞行。之后，这架试验飞机就在爱德华空军基地开始了研究飞行。空军飞行试验中心为飞行力学实验室负责这架飞机的飞行试验，霍尼韦尔公司受雇维护机上安装的独特系统。第一组试验被命名为 DIGITAC I，一共有 92 个飞行小时。研究了必需的计算机周期时间（计算机每秒进行完整的一组计算的次数）和内置检测系统检测出局部系统故障和做出反应的能力。这项工作也演示了"多模式控制律"的潜力。在这种"多模式控制律"中，飞行特性因每种不同的驾驶任务而变化（即，使飞机的空对空和空对地的飞行与巡航飞行不同），从而减少飞行员的工作负荷并提高了飞行员驾驶的精确性。

　　DIGITAC 工作得非常好,是一种通用工具,空军试飞员学校要求用它开展一部分飞行教学。于是,1976 年,空军试飞员学校开始了 DIGITAC 的飞行,新试飞员可以亲自体验与数字飞控相关的好处和相关问题。飞行力学实验室继续资助小型研究项目,这些研究工作是学员的"论文"课题,这是继续研究这种新技术的很经济的一种途径。

　　从 1979 年开始,对飞机进行了升级,进行进一步的数字研究。此项工作被命名为 DIGITAC Ⅱ,研究使用数字多路系统把所有的航电设备、飞控和传感器部件连接在一起的能力。升级由沃特(Vought)飞机公司负责。多路系统把所有的部件用一根电缆(数据总线)连接在一起,替代了几百根穿过飞机的专用电线。每个信号都有一个"时间间隙",在这个"时间间隙"中,这个信号就占用了总线,系统的每个部分都可读取这个信号。这种能力大大地减轻了质量,这是因为省去了穿过飞机的用于发送数百个电信号的大量电线。它还可以减少发生维护错误的概率并简化电缆的铺设。对两种数据总线进行了试验,一种总线使用的是屏蔽扭绞线对,另一种总线使用的是光纤电缆。升级的最后一部分是在平显上出现一个可移动瞄准具,与静态瞄准具相比,这种瞄准具使飞行员更容易瞄准目标。DIGITAC Ⅱ 的试验在 1981 年全年都在进行。之后,空军试飞员学校又接管了这架飞机。

　　DIGITAC Ⅲ 项目于 1988 年启动。飞机上安装了新的计算机,所有的编程都使用艾达(Ada)计算机语言。这种计算机语言是美国国防部采用的一种新的标准数字计算机语言。评估结果认为,这个系统可以成为 A－7 机队有潜力的生产型升级系统。然而,一切都在顺利进展的过程中,空军却计划让所有的 A－7 退役,机队的升级被取消。DIGITAC 试验台又回到了试飞员学校,用它的新系统进一步演示这些新能力。

　　飞行力学实验室(现在是莱特实验室的一部分)在 1991 年开始计划一个 DIGITAC Ⅳ 项目,研究其他的数字技术。然而,鉴于空军让 A－7 机队退役,空军飞行试验中心认为,继续使用一架没有足够后勤保障的飞机不切实际。DIGITAC 在 1991 年 7 月在试飞员学校进行了最后一次飞行,然后退役。1994 年,飞机被封存起来,最后放在爱德华空军基地进行展览。

B‑52 LAMS/CCV 项目飞行试验台

飞机型号：B‑52E

任务：先进飞控系统的研制

使用期：LAMS：1966 — 1968 年

CCV：1971 — 1974 年

负责机构：空军飞行力学实验室

主承包商：波音公司

LAMS——载荷衰减与模态稳定项目

空军飞行力学实验室于 20 世纪 60 年代使用一架 B‑52 开展了两项研究工作，其中的第一项就是载荷衰减和模态稳定（LAMS）项目。这个项目是用许多不同的飞机进行多种主动控制技术（ACT）研究中的第一个，使用的所有试验机都是经过改装的生产型飞机，本书将一一进行介绍。

LAMS 项目的目的是验证飞控系统衰减阵风载荷的能力和大型轰炸机的主动控制结构模态，支持这个项目的理论是利用阵风和紊流产生的结构载荷，可以使结构制造得更轻，极大地减轻结构的疲劳问题。

图中的试验机 B‑52 是 CCV 构型，其特点是机头前很大的传感器安装杆和机身上安装的两组鸭翼。请注意飞机的高清着色图案（美国空军提供照片）。

CCV NB-52E 正在从一架 KC-135 加油机上加油。电传控制装置使飞机在
紊流中更稳定,让空中加油容易多了(美国空军提供照片)。

在 LAMS 项目中使用了所有可以使用的舵面,还沿着机身纵向安装了许多陀螺仪,
这些陀螺仪把结构模态的速率信号提供给飞控系统。两个向外的扰流板围绕一个 15°的
偏置位置对称地工作,副翼以对称和非对称方式工作,升降舵采用常规方式操作。

为了便于这种新技术的发展与综合,飞行员一侧配置了全电传操纵系统,可以和载荷
衰减系统以及基本机械系统并行操作。

试验证明,LAMS 系统非常成功,使飞机机翼的疲劳损伤减少了大约 50%,并大大减
少了中段机身的疲劳损伤率。

作为 LAMS 系统的一部分,还进行了直接升力控制(DLC)研究。飞行试验表明,在
空中加油和仪表进场期间,通过直接升力控制对俯仰和滚转去耦,极大地简化了机动动
作,提高了任务精度。

LAMS 项目的结果反馈到了 B-52 的生产中,大大延长了这些飞机的寿命。通过
LAMS 项目所获得的大部分成果也都被反馈和应用到随后使用同一架 B-52 试验机的
CCV 项目中。

CCV 项目

随控布局飞机(CCV)项目是 LAMS 项目的后继项目,目的是研究把新的飞控概念引
入飞机气动和结构改进设计中的途径和方法。这个项目的一个重大额外成果是飞机的质
量被大大地减小了。

CCV 项目于 1971 年开始,这是 LAMS 项目结束后的第三年,使用的是同一架
B-52E LAMS试验飞机,1974 年完成。术语 CCV 表示一种设计原则,在这个原则中可以
使用现代化的控制技术,在飞行器的设计周期的早期来影响它的设计。

1998年，CCV B-52默默地停在戴维斯-蒙泰姆空军基地，等待着未来的工作（史蒂夫·马克曼提供照片）。

人们对这架老旧但可靠的试验机做了许多构型改变。在飞机的机头上增加了两组鸭翼，一组在机身的侧面，完全水平；另一组安装在水平鸭翼的下面，稍稍靠前，有约45°的角度。机翼外侧增加了副翼，机翼内侧增加了襟副翼，机翼外侧的每个翼尖油箱中还有2 000 lb的配重。

改装使飞机许多性能得到了改善并减轻了质量。这个项目验证了大型飞机的速度不会因为颤振或结构弯曲的影响而受到限制。CCV改装确实使这架试验机超过了其设计颤振速度。这种能力首次使有人驾驶飞机能够借助于CCV控制系统避免结构颤振。

CCV试验台上的颤振抑制系统通过同时控制机翼的扭转和弯曲两个模态来工作，从而提供安全冗余度。襟翼具有良好的控制弯曲模态的能力，而副翼在控制扭转模态方面也很有效（因为机翼又长又细）。在襟翼和副翼共同工作的状态下，颤振抑制系统工作良好。即使襟翼、副翼中的任意一个系统发生故障，另一个系统仍能工作，因此仍然可以防止出现颤振现象，这就为飞行员返回安全速度提供了充足的操作时间。

最终任务

B-52 LAMS/CCV试验飞机似乎要在达维斯-蒙特姆空军基地一直被冷落下去。确实，这架飞机一度停在那里，飞机的红色着色图案在强烈的阳光照射下已经慢慢褪色了。

然而，人们要使用它来执行最后一次任务。这一次，是要摧毁这架令人尊敬的"同温层堡垒"。

　　这次任务是 FAA 商用飞机"强化"研究的一个部分,目的是使飞机对炸弹和结构疲劳更具生存性,在这架老试验台上装满炸药并引爆。试验于 1994 年春天完成,这架老旧的"同温层堡垒"飞机为航空事业献出了自己的"生命"。后来,这架飞机被碎解——这确实是这架杰出飞机的不理想结局。

　　它的一生是杰出的!

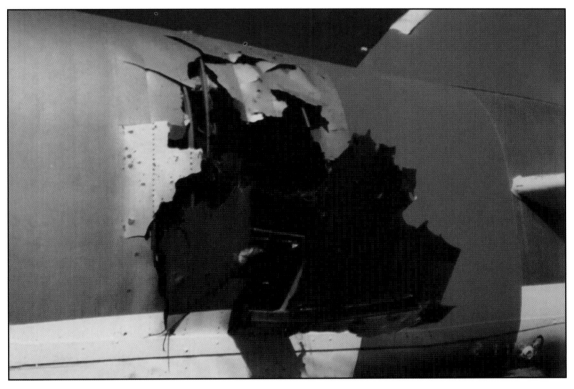

1994 年进行的生存性试验结果,试验目的是研究内部爆炸对一架大型飞机结构产生的损坏(美国空军提供照片)。

载机飞行试验台

飞机型号:波音 B - 52、洛克希德 L - 1011、波音 747、波音 720、波音 707 和贝尔 204 直升机

任务:各种动力装置和有效载荷的载机,也用作试验机

使用期:20 世纪 70—90 年代

负责机构:NASA 德莱顿飞行研究中心,通用电气公司

主承包商:波音公司

NASA B - 52 试验机母机*

多年以来,许多有人驾驶和无人驾驶航天飞行器都由 NASA B - 52A 母机运载到其发射高度,然后发射。这架母机于 1953 年首飞,序列号为 SN 008 NB - 52。该机曾携带并发射了 X - 24,HL - 10 和 X - 15 等飞机。这种用途的飞机一共有两架,另一架 B - 52A(序列号为 003)在 1969 年退役,留下这架古老的"同温层堡垒"孤独地飞行了几十年。

NASA NB - 52 是多种航天和航空飞行器的发射载机。图为正在发射 X - 15。

---

* 编译者注:本节内容中,编号 003 与 0003 指同一架飞机,编号 008 与 0008 指同一架飞机,编译时均忠实原文。

X-24 升力体是 NB-52(0008)载机携带到空中发射的许多飞行器中的一种
(NASA 提供照片)。

图中的 NB-52(0003)载机携带着一架早期的 M2-F2 升力体试验飞机。

这架 NB-52 现在陈列在亚利桑那州图森市的皮玛县航空博物馆。

位于机身与右机翼内侧发动机之间的专用挂架是被试飞行器的安装位置（NASA 提供照片）。

这架专用载机 B-52(003)是两架试验台中的第一架，在 1969 年退役。图中携带了一架后期改型的 X-15(NASA 提供照片)。

商用的"飞马"航天发射飞行器离开 NASA NB-52 发射飞机(美国空军提供照片)。

这架古老的 B-52 被改装成了发动机飞行试验台构型,试验 C-5A"银河"巨大的 TF-39 动力装置。被试发动机安装在右机翼内侧挂架上(通用电器公司提供照片)。

另一架 B-52 被构造成发动机飞行试验台,用于试验波音 747 的发动机。被试的 JT9D 发动机同样安装在右机翼内侧发动机安装位置(普惠公司提供照片)。

这架波音 720 运输机由加拿大普惠公司使用,可以安装和试验多种推进系统
(加拿大普惠公司提供照片)。

这显然是仍处于飞行状态的最老的 B-52 飞机,该试验机在 20 世纪 90 年代被用于试验 F-111 的机组人员密封舱伞降回收系统,它也是商用"飞马(Pegasus)"航天推进系统的发射平台。在另外一项航天任务中,用这架 008 号飞机进行了 8 次航天飞机阻力伞系统试验。

这架飞机还把 3/8 比例的 F-15 战斗机模型带到了空中进行了尾旋试验。试验模型在 45 000 ft 的高度从 NB-52 上投放,无人驾驶试验模型的控制指令来自地面,这就减少了在真实 F-15 上进行高风险尾旋试验的飞行架次。

该试验载机还作为几种遥控飞机的空中发射平台,用于飞机尾旋-失速特性、大迎角和战斗机技术研究。

在这架飞行试验台的前机身上可以安装一台涡桨或一台纯喷气发动机
(加拿大普惠公司提供照片)。

令人尊敬的"同温层堡垒"最初的改装只是在右机翼的下面,机身和内侧发动机之间加装了一个挂架。所有要在空中发射的飞行器都连接到这个挂架上。008号飞机总共进行了900多次试验任务(到20世纪90年代初期为止),而且可能还会继续使用。

尽管公众都认为是这架B-52飞机进行了各种类型的试验飞行器的空中发射,但事实上,还有几架其他飞机也执行了同样的任务。

洛克希德公司L-1011火箭发动机载机

另一架载机试验台是洛克希德公司的L-1011的改型客机,是轨道科学公司的资产。在20世纪90年代,这架飞机接过了"飞马"运载飞行器的发射任务。与NB-52挂架的布局不同,这架母机的挂架在机身下。

B-52发动机飞行试验台

两架B-52飞行试验台被用于试验两种新型的大型喷气发动机。TF-39(洛克希德C-5的发动机)和JT9D(波音747的发动机)都是在经过改装的B-52的早期型号上进行飞行试验的。被试发动机的安装位置都选在了右侧机翼的内侧发动机安装位置。必须强调的是,这是另外两架飞机。

波音747发动机飞行试验台

同样,B-52飞机并不是唯一的发动机飞行试验台,波音747-100也可作为发动机飞行试验台使用。B-747被用来试验通用电气公司的GE90动力装置,GE90是波音777运输机的主动力装置。

波音720(加拿大)发动机飞行试验台

在美国的北部边界,加拿大普惠公司使用它的波音720飞行试验台来试验许多新型发动机系统,包括PW500发动机。

这架NASA的贝尔204直升机被用作载机空中实验室,图中的直升机携带了一个X-29研究机的模型。

贝尔 204 直升机这次携带了一个 F-5 的模型（NASA 提供照片）。

波音 707 发动机飞行试验台

CFM 国际公司使用了一架波音 707，在加利福尼亚的莫哈韦沙漠的外围进行新型动力装置的飞行试验。在 20 世纪 90 年代，用这架飞机试验了 CFM56-5B 发动机，这种发动机是为各种型号的空客飞机研制的。

贝尔 204 直升机模型载机

您可能从来没有料到一架直升机可以具有试验台的功能，即便是料到了，您也会认为这种直升机没有多少。但是，这架 NASA 德莱顿飞行研究中心的直升机就是一个例子。这架通用直升机试验台在 20 世纪 90 年代开始投入使用。

这个试验台的主要作用是作为一种空中投放平台，投放许多自由飞模型，包括 F-4，F-15，B-1，F-18，F-16XL 和 X-29 等。

该直升机试验台在 20 世纪 90 年代中期所执行的任务包括 X-31 研究机的自由飞模型投放试验。这项试验评估了大迎角飞行特性，包括操作性、失速、分离、尾旋、筋斗和回收等。

利用这架试验台开展的试验还有烟采样试验研究、空中摄影和尾梁导流片气动研究等。

XC‑8A 气垫着陆系统飞行试验台

飞机型号:XC‑8A

任务:验证气垫着陆系统(ACLS)

使用期:1974 — 1977 年

负责机构:空军飞行力学实验室和加拿大工贸商业部

承包商:贝尔公司

这项研究是美国和加拿大开展航空航天技术创新研究的国际合作范例。该项目在 20 世纪 70 年代中期进行,目的是要研制一种气垫着陆系统(ACLS)。

这个项目使用了一架 XC‑8A 飞机,在飞机机身下安装一个大的充气橡胶圈来充当起落架。这个工程概念实际上非常简单:在飞机的机身下安装圆环形密封橡胶圈,里面是低压空气,可以使飞机在各种地形上着陆,甚至可以进行水上着陆。

莱特-帕特森空军基地的空军飞行力学实验室位于俄亥俄州代顿市,与加拿大工贸商业部联合发起了这个 ACLS 项目。在 40 个月的试验过程中,C‑8A 试验飞机总共飞行了 84 个架次,144 个飞行小时。飞机在草地、雪地和硬地上进行了 34 次气垫起飞和 39 次气垫着陆;在草地、雪地、硬地和软地,甚至还在有障碍物的地面上进行了 25 mile 滑行试验。

在美国和加拿大的一项联合试验项目中,这架 XC‑8A 安装了一种气垫系统,
能在所有的地形上进行着陆。请注意进行水上试验的翼尖浮筒(美国空军提供照片)。

XC‑8A 飞行试验台在莱特‑帕特森空军基地进行维护。位于右翼根下面的
气垫着陆系统和辅助涡轮清晰可见（美国空军提供照片）。

　　XC‑8A 在 1974 年年初由加拿大工贸商业部交付给了莱特‑帕特森空军基地。在
1975 年的 3 月和 4 月进行了气垫起飞和气垫着陆试验。试验由莱特‑帕特森空军基地的
第 4950 试验联队执行。冷天和雪天的试验在加拿大阿尔伯达省的科尔得湖和西北部的
耶洛奈夫首府进行。

　　ACLS 项目经理是飞行力学实验室的华莱士·布泽德先生。当飞行试验证明气垫可
以用作未来大型运输机着陆系统时，他解释说："我们现在知道了，ACLS 可以在很糟糕的
地面上工作，包括在草地和泥地上工作。"试验机也在 30 ft 长 9 in 高的斜坡、直径为 6 ft
的凹坑和宽度为 2 ft 的沟槽进行了平稳的滑行。使用传统起落架的飞机根本无法做到这
一点，即使不会完全毁坏，也会受到严重的损伤。这些确实使 ACLS 具有创新性的功绩。

　　这个试验项目还多次在飞行中演示了气垫系统的充气和放气功能。

　　在滑行试验中，试飞员发现，即使侧风速高达 20 mile/h，他们也能正常控制飞机。虽
然飞机的滑行几乎是斜的，但是，飞行员掌握了如何借助风力把飞机移动到指定位置。

　　在所有的 ACLS 飞行试验中，C‑8A 的质量为 33 000 lb，没有装载货物。试飞工程师

们指出,飞机满载构型下也可进行同样的试验。布泽德先生指出,ACLS 系统或许可用来操纵重达三百万磅的飞机,可以与传统的着陆系统一争高下。他还指出,ACLS 与传统系统在成本上相比也很有竞争力。

应当指出的是,XC-8A 项目并不是试验这种概念的第一架飞机。在更早的时候,位于纽约州布法罗市的贝尔航空航天分部就用一架 CC-115 运输机开展过类似的试验项目。当时试验的气垫系统也是一个圆形环状气垫,安装在机身下面。最初的飞行试验是在 20 世纪 60 年代的后期用一架 LA-4 两栖飞机进行的,而装备了这种气垫系统的 CC-115 试验机则于 1973 年开始进行飞行试验。

虽然这种概念在多种应用中很有前途,但是,气垫概念绝不会运用到作战飞机上。

Convair(康威尔) 990 着陆系统研究飞机

飞机型号:Convair 990
任务:起落架系统研制和试验
使用期:1993 年—
负责机构:NASA 德莱顿飞行研究中心

很少有人想到飞机的起落架竟然会成为关键技术。但是,当起落架能力达到极限时,飞机的着陆性能也就受到了限制。由于当时正在扩展航天飞机的工作包线,航天飞机的承载能力受到着陆接地重力和侧风造成的侧向载荷的限制。这就限制了航天飞机从轨道上回收卫星的质量,也限制了航天飞机发射时携带的有效载荷质量。

为了试验一种新的航天飞机起落架系统,NASA 研制了着陆系统研究飞机,即,LSRA。这是一架进行了全面改装的 Convair 990 客机,代号为 NASA 810。LSRA 是在 NASA 德莱顿飞行研究中心所改装过的最大的一架飞机,也是在那里所完成的最大的室内项目。虽然新轮胎已经在飞机上试验过,新飞机的整个起落架也在现有飞机上试验过,但 LSRA 仍然是第一架专门用于起落架研制和试验的飞机。

LSRA 的概念可以追溯到大约 1985 年。进行了工程研究以确定这个概念是否可行? Convair 990 飞机的强度是否足够? 是否可以接受必要的改装? 是否能够以230～250 mile/h的航天飞机典型速度安全着陆? 1989 年 1 月,约翰逊航天中心批准了这个项目。

LSRA Convair 990 试验机在 NASA 德莱顿飞行研究中心滑行。注意垂尾背后的滑行道和对面山上的火箭发动机试验台(NASA 提供照片)。

　　这架 Convair 990 是从 NASA 阿姆斯研究中心获得的,飞机以前在阿姆斯研究中心用于支持各种试验项目。在此之前,这架飞机由美国航空公司作为客机使用。飞机在 1990 年 5 月进入了改装机库,几乎 3 年没有露面。

　　主要的改装包括:

　　· 在主起落架之间安装了一个桁架组件,试验起落架安装在这个桁架组件上(这个桁架组件本身是在德莱顿飞行研究中心厂房内制造的最大的单件部件);

　　· 拆除了一段主龙骨,用两个辅助龙骨来代替,以保持结构完整性并承载试验起落架的载荷(桁架组件连接到这两个辅助龙骨上);

　　· 安装了一个计算机控制的作动器系统,可以给试验起落架施加最大 250 000 lbf 的力,以精确的速度和载荷驱动起落架向下接触跑道;

　　· 在后货舱装载了 48 个氮气瓶和 16 个液压蓄液箱来驱动作动器;

LSRA 的航天飞机起落架装置的特写镜头(NASA 提供照片)。

• 在客舱内布置了 4 个试验操纵台:两个用于安装测试仪器控制,一个用于视频记录和监控,一个用于试验指挥。

其他改装包括,安装了厚重的金属板,保护飞机腹部在试验的时候不会受到碎片的损伤;安装了两个 100 gal(1 gal≈4.545 L)的水箱用于灭火;安装了高速摄像机和摄影机来记录轮胎的工作情况;还加装了 200 个传感器用于记录载荷、压力、温度、侧滑角和其他关键参数。

一共制造了 1 000 多个新零件,大部分由德莱顿的改装车间制造。改装使飞机的净重增加了 40 000 lb。LSRA 的改装在 1992 年秋天完成,在进行了广泛的地面试验之后,进行了功能检查飞行以验证飞机的所有系统工作正常。试验起落架系统的检查持续了 1993 年的整个夏天。

在 1993 年秋天,LSRA 飞到了肯尼迪航天中心,在肯尼迪航天中心 15 000 ft 长的跑道上着陆。后来一共执行了大约 25 次试验任务。试验包括,用 LSRA 的主起落架着陆,建立要求的试验条件,迫使试验起落架以精确的方式放下。试验结果不仅有助于研制更好的起落架,还有助于研究着陆技术,这种着陆技术可以在使用起落架的最大能力情况下,防止系统的任何零件超过应力限制。

LSRA 在 1995 年一直进行着各种研究,帮助工业部门进行商用起落架、机轮、轮胎和制动系统的研制。

C - 130 RAMTIP 项目飞行试验台

飞机型号:C - 130 大力神

任务:先进驾驶舱研制

使用期:20 世纪 90 年代早期

负责机构:空军系统司令部/空军后勤司令部

承包商:洛克希德公司航空系统部、邦迪克斯-金航电公司、通用电气公司航电部、
霍尼韦尔公司、史密斯工业公司和洛克希德公司桑德斯分部

　　1991 年,对一架 C - 130 飞行试验台进行了改装,安装了一个价值 1 600 万美元的可靠性和可维护性技术嵌入项目(RAMTIP)的驾驶舱。这个高科技系统用平板液晶显示器(LCD)替换了飞行员、副驾驶和导航员位置上的机械仪表板。这个 LCD 是当时在C - 130上所使用的最大的显示器。

　　这个项目的工程任务是设计、研制、制造、安装和演示一个真实的 C - 130 飞机电子驾驶舱的工程原型,并提供保障。工程师们深入研究平板液晶显示器的作战使用效能和适用性,并以标准的机电仪表和阴极射线管(CRT)为参照,检验 LCD 在可靠性、可维护性和经济性方面的突出改进。

　　飞行方试验台上一共使用了 6 个全色主动矩阵显示器,每个显示器的尺寸为 6 in×8 in,替代了标准C - 130上的 60 多个机械式驾驶舱仪表。5 个显示器布置在主仪表板上,另一个布置在导航仪表板上。

　　在显示器的屏幕上显示飞行高度、导航、天气、雷达和发动机工作方面的数据。LCD使用的是数字处理技术,因此耗电低、质量轻,而且更耐用。

与 RAMTIP 驾驶舱相比,标准 C - 130 飞机的仪表板似乎就是复杂的仪表组合(美国空军提供照片)。

实际的 RAMTIP 驾驶舱。

LCD 利用液晶的独特特性工作,其性质介于结晶固体和液体之间(结晶固体的性质随方向而改变,而液体的性质在所有方向上都一样)。

RAMTIP 项目经理杰利·卡泽尔解释说:"LCD 是我们军用飞机的下一代电子显示器,可替代 CRT。"

与 CRT 相比,新型显示器可节省大约 60％的体积、70％的质量和 80％的电力消耗。随着产量的增加,LCD 的成本仅仅是 CRT 的 50％,可靠性却高出 10 倍。LCD 在"故障弱化"方面也优于 CRT,也就是说,LCD 的屏幕只有发生故障那部分会失效,而不是像 CRT,如果发生故障整个显示器都会失效。

装有 LCD 驾驶舱的 C-130 于 1991 年 2 月在佐治亚州的杜宾斯空军基地首飞,首飞持续了 4 个多小时。在进行了其他飞行试验之后,飞机返回到阿肯色州小盐城空军基地第 314 战术空运飞行联队。在试验和评估期间,军事空运司令部对飞机进行了试验和维护。

这架飞机在完成了飞行试验之后就退役了。虽然试验结果显示了 LCD 技术运用到整个机群中的优势,但继续使用一架独特改装的飞机太昂贵。由于改装量太大,把飞机恢复到标准构型的费用也太大,所以,就让飞机退役了。

"隼(Falcon)"ATLAS 项目飞行试验台

飞机型号:"隼"20 行政勤务喷气机

任务:高科技制导系统研制

使用期:20 世纪 90 年代初期到 20 世纪 90 年代中期

负责机构:佛罗里达州艾格林空军基地,莱特实验室武器部

　　这个项目的名称 ATLAS 表示先进技术激光雷达系统,于 20 世纪 90 年代早期在艾格林空军基地进行。项目的目的是要研制一种可以从安全距离发射武器的制导系统。

　　这种系统使发射武器的飞机避开战场环境,远离防空炮群和地对空导弹。这种制导系统可搜寻地面目标,辨认目标,然后发射导弹进行打击,随后,可返回基地或继续寻找其他目标进行打击。

　　这种制导系统安装在一架经过改装的"隼"20 行政勤务喷气飞行试验台机身下面的吊舱中,由其带到空中开展试验。该飞行试验台还加装了许多机载系统,在飞行中记录 AT-LAS 制导系统搜寻目标时候的数据。

　　ATLAS 系统包括一个激光雷达(LADAR)传感器、一个基于模型的自动目标识别系统处理器和一个 GPS 辅助惯导系统。

ATLAS 的吊舱很像一个机腹安装的副油箱(美国空军提供照片)。

激光雷达的工作方式类似于交通执法部门的超速测量雷达枪,区别是激光雷达系统使用激光束而不是电子信号。

在 ATLAS 制导系统中,激光首先扫描飞机武器下面的地面,生成一个目标区域的高分辨率图像,系统就会根据这些数据生成一张三维地图。

然后,目标辨识处理器(这个目标辨识处理器中存储有目标形状)把图像的形状与预编程的信息进行比较,从而找到相匹配的目标,随后该制导系统把武器引导向目标。

艾格林空军基地的工程师们认为,这个项目对打击固定和移动目标都有应用价值,使飞行员可以灵活使用武器。

这个系统不仅在帮助武器发射方面具有明显优势,在商业方面也有很多潜在用途。因为这个系统具有扫描、存储和处理非常精确的三维信息的能力,大家认为它特别适合在住宅和城市发展方面应用。

F-4电传项目飞行试验台

飞机型号:F-4"鬼怪"(停放在空军博物馆)

任务:电传飞控系统研制

使用期:1969—1974年

负责机构:空军飞行力学实验室

承包商:麦道公司

这架特殊的麦道F-4"鬼怪"(62-12200)是本书内容的一个典范。这架飞机经过无数次改装,参与了很多试验和发展项目。在美国航空试验领域,只要提一下12200这个号码,大多数人都会知道。

美国空军原型战斗机项目(YRF-4C和YF-4E)

这架独特的"鬼怪"飞机(生产线的编号为266)原来计划的型号是海军F-4B。但是,当空军开始使用这个著名的歼击机型号时,它被改装成了美国空军的原型飞机。这架飞机首先成为了美国空军侦察机家族中的YRF-4C原型机,这个侦察机家族最多的时候拥有数百架飞机。它作为YRF完成试验后,这架多用途的"鬼怪"飞机返回到改装机库中,被改成YF-4E,成为F-4E和F-4F歼轰机的原型机,F-4E和F-4F的生产量超过1 000架。

这架F-4飞行试验台开始是作为YRF-4原型机,后来被改装成研究飞控技术的
多种试验构型(美国空军提供照片)。

在最后的这种构型中,这架"鬼怪"的"下巴"上安装的是一个20 mm高射速航炮,而不是摄影机,标志着装备航炮的F-4系列开始大批量生产。

"迅捷鹰"项目

后来,这架多用途F-4就从原型机转入作为试验机的职业生涯阶段。"迅捷鹰"项目是对机翼安装前缘缝翼,试验这种方法对机动性的改善情况。试验结果非常理想,最终对已经部署到作战部队的所有F-4战斗机都安装了缝翼。

SFCS 项目

1969年,12200号的涂装更换成了鲜艳的蓝白色图案,成为了生存性飞控系统(SFCS)项目的试验机,研究电传技术。先前的控制项目(B-52 LAMS和CCV)的研究对象是大型挠性结构飞机,而SFCS项目则是专门针对未来战斗机的。

使用电传系统后,飞行员可以通过电气线路毫不费力地"指挥"飞机,而不是用传统的、复杂的机械系统,通过滑轮、联动装置和推杆来发出命令。这样,飞行员就可以飞得更平稳、更精确,而用在驾驶飞机上的精力也很少,可以把注意力更多地集中在其他重要任务上。

这架飞行试验台在许多项目中都涂有"电传"的字样(比尔控股公司提供照片)。

PACT(精确飞机控制技术)项目是要改进未来战斗机的作战机动性(比尔控股公司提供照片)。

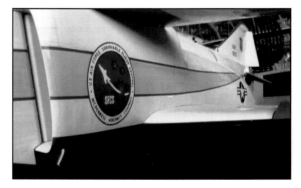

F-4的生存性飞控系统(SFCS)改装是要研究电传技术。这架飞行试验台的特点是全机身上喷涂了"赛车条纹"(比尔控股公司提供照片)。

这个老飞行试验台(可能是改装最多的试验台)以一种庄重的姿态停放在空军博物馆中,它确实应该享有这种荣誉(比尔控股公司提供照片)。

电传操纵 F-4 飞行试验台在加州爱德华空军基地进行最终进场拉平（美国空军提供照片）。

　　在 SFCS 的设计中，飞机的运动（而不是舵面的运动）就是飞行员输入所控制的参数。SFCS 是第一架采用新型全电传系统的美国空军飞机，驾驶杆和舵面之间没有机械连接。安装了侧杆控制器评估改进的操纵品质。SFCS 的构型主要源自早期的 TWEAD（战术武器投放）项目。

　　SFCS 在爱德华空军基地和位于圣·路易斯的麦道公司进行了 85 次飞行试验评估。

　　试验过程中，SFCS F-4 证明了新系统使飞行控制更好，安全性得到改善，机动性也得到提高，未来飞机设计将发生重大改变。

PACT 项目

　　12200 号的最后一个试验任务是在精确飞机控制技术（PACT）项目中担当主要角色。这个项目开始是作为空军飞行力学实验室的项目。但是，在项目进展期间，空军却把工作重点转向了 F-16 CCV 项目。无奈，麦道公司只好动用本公司的资金继续这个项目，但仍然保留了 PACT 名称。

　　在这个项目中，对这架老式 F-4 机身的改装很明显：安装了两个紧密耦合的前鸭翼，每个鸭翼的面积为 20 ft^2。鸭翼设计为可分解式：外侧部分可以拆除，剩余部分的面积为 8.5 ft^2。

　　PACT 构型为演示改进作战机动性铺平了道路。最终在 1979 年，12200 号到了退役的时候。为了更好地让大家认识它的功绩，最好的去处就是把它存放到空军博物馆！这架飞机的最终飞行不是靠自己本身的动力，它的最后一段旅程是用吊索悬挂在一架直升机的下面，从圣·路易斯飞到了代顿市。

F-5D"天空枪骑兵(Skylancer)"高超声速滑翔试验台

飞机型号:F-5D"天空枪骑兵"
任务:模拟 X-20"代纳索(DynaSoar)"机动动作
使用期:20 世纪 60 年代
负责机构:NASA 德莱顿飞行研究中心

20 世纪 60 年代早期是航天技术发展的令人激动的时期,飞行试验台在这个过程中发挥了重要作用。其中最明显的例子就是 X-20"代纳索"项目。

NASA F-5D"天空枪骑兵"飞行试验台在模拟从发射台逃生和着陆机动飞行方面发挥了重要的作用。之所以使用这个特殊试验台是因为它的升阻比比较低,与 X-20 平台类似。

按照计划,这架超声速滑翔机使用一个大型助推火箭垂直发射升空,然后进行无动力着陆。为了保证飞行机组的安全,安装了一个辅助助推器,如果在发射台上,或刚发射不久,主助推器发生故障,辅助助推器把滑翔机操纵到远离危险的区域,以便飞行员能够进行操纵并就近着陆。然而,这种超声速滑翔机的升阻比较低,着陆是无动力的。另外,与我们所见一样,热结构方面的考虑使飞机的窗子制造得尽可能小,这就限制了飞行员的视野。

这是 NASA 改装的两架 F-5D-1"天空枪骑兵"中的一架,参加了"代纳索"的着陆模拟试验(NASA 提供照片)。

　　这架特殊的 F－5D 是尼尔·阿姆斯特朗先生驾驶过的,现在在俄亥俄州沃波科内塔的
尼尔-阿姆斯特朗博物馆(就在代顿市的北面)的前面进行展览(菲尔·库兹提供照片)。

　　F－5D 试验机模拟了逃生机动动作,这种机动动作是在地面上以高速滑跑大约
1 000 ft距离开始的,然后,飞行员垂直拉起飞机,并切断动力,再打开减速板。这种机动
动作模拟的是辅助助推火箭燃烧完的飞行动作。

　　试验所研究的进场和着陆机动飞行是 360°的螺旋进场和直线进场。使用了一个蓝-
琥珀系统来限制能见度,试验中评估了两种不同构型的窗子。

　　蓝-琥珀系统是在座舱里使用了一种带有透明琥珀色塑料涂层的透明蓝色遮光板。
遮光板收起来时,飞行员可以看见飞机外面,当把遮光板放下时,飞行员仍旧可以看见仪
表,但却看不到机舱外面的情况,这是因为琥珀色是蓝色的补偿色。

　　如果操纵得好,所模拟的逃生机动动作是飞行员可以接受的。圆形飞行剖面再次受
到青睐,拉平操纵也没有受到能见度的影响。虽然能见度限制对逃生机动动作和着陆进
场时常产生负面影响,但它并没有干扰导航能力。

　　"代纳索"项目在 20 世纪 60 年代早期被撤销之后,NASA 德莱顿飞行研究中心继续
使用 F－5D 来支持升力体和 SST 的研究,该机于 1970 年退役。顺便说一下,尼尔·阿姆
斯特朗(阿姆斯特朗于 1969 年 7 月 21 日成为了第一个踏上月球的宇航员,也是第一个在
地球以外星体上留下脚印的人类成员)先生是这个项目中的一个试飞员,这架飞机现在停
放在西俄亥俄州的尼尔·阿姆斯特朗博物馆的前面。

F-8 超临界机翼飞行试验台

飞机型号:沃特(Vought)公司 F-8

任务:气动研究

使用期:1971 — 1973 年

负责机构:NASA 德莱顿飞行研究中心

在 20 世纪 60 年代,弗吉尼亚州汉普顿的 NASA 兰利研究中心的理查德 T.韦特康门博士研制了一种翼型,有望极大地减小高亚声速状态下的阻力。研究空气动力学的人们都知道,当飞机在马赫数达到 0.8 或速度达到约 530 mile/h 时,在飞机的四周就会形成小范围的超声速气流。这个速度被称作飞机的临界马赫数。这些局部的超声速气流区域主要在机翼翼尖,形成的激波导致紊流的发展,极大地增加了飞行阻力。如果紊流气流冲击机尾就会造成抖振,从而改变飞机的稳定特性。理查德 T.韦特康门博士的理论认为,如果能把激波发生点移动到机翼更后的位置,那么,紊流区域即可减小,临界马赫数导致的所有其他不利影响都会减小。另外,稳定气流流过的机翼面积越大,产生的升力就越大,可进一步增加机翼的有效性。

在临界马赫数条件下减小阻力的最普遍方法是让机翼后掠。然而,这种方法的副作用是增加了结构质量,使飞机的低速操纵特性变差。对军用飞机而言,这种情况是可以容忍的,但对于航线民航飞机则不合乎要求。韦特康门博士的翼型上表面平坦,下表面更圆滑(与常规翼型一样),在机翼后缘有下凹曲线。风洞研究结果证明,这种翼型的机翼可以把临界马赫数增大到 0.95。于是,这种翼型就被称作超临界机翼,这种机翼的潜力显而易见。

1969 年,NASA 德莱顿飞行研究中心制订了一个超临界机翼飞行试验大纲,验证理论和风洞预测结果。美国海军提供了一架 F-8"十字军战士"飞机。NASA 的工程师们研制了一个 13.1 m 长的客机机翼。1969 年 9 月,北美罗克韦尔公司的洛杉矶分部获得了建造机翼的合同。

1970 年年末,超临界机翼(SCW)交付给 NASA 德莱顿飞行研究中心,并安装在了 F-8 上,这架飞机现在的名称是 NASA 810,大家都称它为 SCW F-8。飞机于 1971 年 3 月进行了首次功能性检查飞行。

在 3 月到 5 月之间,SCW F-8 进行了一系列的初步检查和评估,最高飞行速度达到 725 mile/h,最大飞行高度达到 46 000 ft,没有发现机翼有任何问题。在完成了这些试验飞行之后,激活了建造机翼时预先安装的 240 个压力传感器,可以在以后的系列飞行试验中使用。这些传感器的目的是要确定激波形成的准确位置。

空中的 F-8 超临界机翼试验机。新型机翼
有一个典型的客机型的平台。请注意在
机身上安装的用来减小阻力的整流装置。

F-8 试验台现在在爱德华空军基地
的 NASA 德莱顿飞行研究中心展览
（史蒂夫·马克曼提供照片）。

　　1972 年夏天，在机身的前面和后面增加了侧向整流装置。这些整流装置使飞机形状
更像一个"可乐瓶"，使人们想起了 F-105 和 T-38 这样的飞机。这种整流装置运用了面
积律，通过使机翼和机身的截面积之和保持恒定来减小阻力。这个原理也是由韦特康门
博士在 20 世纪 50 年代提出的。在 F-8 SCW 上增加这些整流装置的目的是要确定组合
使用面积律和超临界机翼所增加的效率是否比单独使用它们所增加的效率要大一些。

　　飞行试验在 1973 年 5 月完成，总共进行了超过 75 架次飞行。理论分析和风洞试验
所预测的效率提高得到了验证。这种技术很快就被应用到了民航业，用在了正在进行设
计的新型飞机上。

　　F-8 SCW 在完成了使命之后，停放在 NASA 德莱顿飞行研究中心的机库中。这架
飞机再也没有执行过其他研究项目。1991 年 8 月，飞机被送给了一个承包方保存。1992
年 6 月，飞机停放在 NASA 德莱顿飞行研究中心进行展览，旁边是数字电传 F-8 试验机。

F-8 数字电传操纵系统飞行试验台

飞机型号:沃特 F-8"十字军战士"
任务:数字飞控系统研究
使用期:1972 — 1985 年
负责机构:NASA 德莱顿飞行研究中心

NASA 研制数字电传(DFBW)F-8 试验飞机的目的是研究数字计算机和电传技术在未来高性能飞机操纵方面的应用。随着现代民用和军用飞机飞得更快和更高,在更长航程中能携带更多样化的有效载荷,飞控系统就必须执行多种多样的任务,以保持飞机的飞行特性能够被飞行员所接受。

到 20 世纪 70 年代早期,模拟计算机已经被用于调节基本的机械操纵装置来帮助完成这项任务。电传操纵系统则可帮助去掉飞机上质量大且难于维护的机械推杆、钢缆和各种曲柄连杆,用电缆替代。数字计算机比模拟计算机更灵活、更可靠。

电传操纵技术还有另一个优势。因为舵面总是处于工作状态(即便是飞行员没有发出指令),所以,飞机在气动方面并不必须是稳定的。计算机会一直给每个舵面发送小的偏转指令,不仅仅是在进行机动飞行的时候,就是在保持飞机平直飞行的时候也是如此。最终就形成了人工稳定性,即飞行员感到飞机是稳定的。这样,水平和垂直安定面就可以做得更小一些,从而减轻飞机质量和飞行阻力。空军的研究表明,未来使用这种技术的飞机可以减轻质量 20%,价格也更便宜。

"协和号"这样的飞机用的是"假电传"系统,飞行员通过自动驾驶仪来操纵飞机,但使用的仍旧是机械装置。DFBW F-8 是验证数字电传优势并去掉机械系统(甚至备份机械系统也都去掉了)的第一架试验机。

1971 年,NASA 德莱顿飞行研究中心选择了一架 F-8"十字军战士"并开始改装,这是一架海军的超声速喷气战斗机。原来为"阿波罗"月球舱所制造的数字计算机、惯性测量装置(测量飞机的姿态)和其他设备安装到了这架飞机上。一个三通道的模拟系统被用作数字电传系统的备份。开始的时候,仍然保留了机械飞控系统,直到电传系统的可靠性得到验证以后才将其拆除。后来又获得并改装了第二架 F-8,作为地面模拟器和"铁鸟"使用。这架飞机使用了实际飞行硬件,用于检查电传系统的设计,以及电传系统与飞机其他系统的集成情况。

改装工作于 1972 年完成。DFBW F-8 被命名为 NASA 802,一道明显的闪电图案贯穿白色机身的侧面。在进行了地面检查之后,飞机于 1972 年 5 月进行了首飞。

在完成了一年的检查飞行之后,又进行了一项雷击试验。因为数字电传系统完全依赖于黑匣子和电气线路的可靠工作,必须对这个系统进行保护,使之完全不受闪电的损伤。在 NASA 德莱顿飞行试验中心制造了一个活动试验设施,这个设施可以生成穿过 F-8 的人造闪电。在机头附件安装了一个可产生电流高达 1 000 A 闪电的发电机。飞机上的电气设备被连接到试验设备上,研究人员可以监视它们受雷击时的工作状况。被闪电击中的试验闪电条件为机头到机尾、机头到翼尖和翼尖到翼尖。

在飞行试验的第一阶段一共进行了 42 架次飞行,飞行试验于 1973 年夏天结束。在这些飞行中,机械系统已经拆除,来演示完全依靠电传系统的飞行。这些飞行为未来使用这种技术的航天飞机铺平了道路。这些飞行还试验了 F-16 飞机将要使用的侧杆的原型。

第一阶段飞行使用了一台单独的数字计算机。虽然系统可靠,但未来的生产型飞机需要更大的安全余度。在接下来的三年中,这台单独的阿波罗时代的计算机被一个三余度数字系统所替代,三余度模拟备份系统仍然保留。1976 — 1978 年间,这架试验飞机大约飞行了 30 架次。这个阶段的目标之一是验证计算机可以进行自我监控,检测任何一台计算机中的错误,并把有故障的计算机与系统隔离。

完成这些工作之后,继续进行数字电传技术的进一步研究。1979 年和 1980 年进行了分析余度管理试验技术研究项目。这个项目的目的是证明可靠性改进了,但飞机上的传感器数量却减少了。这些传感器负责把飞机的状态(即姿态、速度、高度和加速度等)报告给数字飞控计算机,每个传感器必须是有余度的,以便在任何一个传感器发生故障的时候保护系统。数字飞控计算机中的软件可以检测出故障并选择备份工作。这项试验的目的是演示把传感器数量减少 25%,但把可靠性维持在可接受的级别。

F-8 电传飞行试验台是众多研究这种独特技术的飞机中的一种(NASA 提供照片)。

独特的 F-8 飞行试验台。F-8 电传飞行试验台与其同宗兄弟 F-8
超临界机翼试验台编队飞行(NASA 提供照片)。

　　1981 年,F-8 被用来解决航天飞机遇到的一个问题,即飞行员诱发振荡(PIO)问题。当飞机的响应没有飞行员认为的那样快时,就会出现这种问题:当飞行员感觉到飞机没有做出响应时,就会增加控制输入,而此时飞机刚刚开始对原来的指令做出反应,这就会造成运动过大,因此,飞行员就会输入一些修正指令。如果他感觉到运动没有变化,就会增大修正指令,而此时飞机却刚刚开始对原来的修正指令做出反应。现在飞机的反向运动又太大,飞行员又开始再次修正,如此反复……最终就形成了振荡。解决的办法是飞行员松开驾驶杆,让飞机的自然稳定性抑制飞机的运动。但是,如果是失控飞机正与其他飞机编队飞行时,或者飞机距离跑道仅仅几英尺的情况下,这真是说起来容易做起来难啊!

　　在 F-8 上试验的解决方法是使用一个自适应滤波器,俗称 PIO 抑制器。计算机保持跟踪典型的飞行员操纵输入。当计算机感应到控制输入从缓慢、柔和变成了快速输入——就是飞行员进入 PIO 的典型输入时,计算机就会减小飞机对任何指令的响应。实际上,飞行员的指令被过滤掉了或被抑制了,一直到他的指令正常为止。这就给了飞机依靠本身的稳定性来抑制运动的时间。这种技术的效果很好,已经用在了航天飞机上。

　　1981 年试飞的另一项研究项目是传感器的冗余性试验。多数飞机的运动都是同时在几个轴向上发生并相互关联的,其中的很多运动可以从其他已知参数的数值推导出来。这样,如果使用 10 个传感器测量 10 个不同参数,而其中的一个传感器发生了故障,故障传感器的理论值可以通过剩余 9 个传感器的数值计算出来,这项技术能在保证必要可靠性的基础上减少传感器数量。

1982 年，对一般软件问题的潜在解决方法进行了试验。其中的一个问题就是运行同一款软件的每台计算机总是产生同样的错误。尽管进行了大量的试验，软件中这些缺陷有时候难以被检测出来，直到飞机遭遇了未曾预料的特殊的或不可能的组合条件，这些缺陷才会出现。这样，即便所有计算机都正常工作并给出同样回答，飞机也可能做出不正确响应。这个普通问题的解决方法是为系统中的每台计算机都编写一个独立的软件，软件的功能一样，对于一个给定的输入，每组软件都应产生同样的回答。然而，每种解决方法是由不同的计算产生的，程序也是由不同的程序员编写的。因此，一组软件中没有被发现的错误不一定会出现在其他计算机中的相同地方。飞行试验证明这种技术非常有效。

1984 年，开展了一个相关项目的飞行试验。这一次，每台计算机都有自己的备份软件，这些软件的功能相同。在通常情况下，如果一台计算机给出了与其他计算机不同的回答，就可以认定这台计算机发生了故障，它将被关闭。在最后的试验中，首先假设一个软件错误而不是一个硬件错误，有问题的计算机被转到其备份软件。如果这样还不能纠正错误，这台计算机就会被关闭。所有这些比较和转换都自动进行，不用飞行员参与。

DFBW F-8 在 1985 年进行了最后一次飞行，然后就静静地停放在 NASA 德莱顿飞行研究中心的机库中，等待着参加其他研究项目的机会，但这个机会却永远没有出现。1992 年 5 月，DFBW F-8 停放在 NASA 德莱顿飞行研究中心进行展览，旁边停放的是那架 F-8 超临界机翼试验飞机。

F-8 电传试验机现在停放在爱德华空军基地的 NASA 德莱顿飞行研究中心进行展览（史蒂夫·马克曼提供照片）。

F-15 先进环境控制系统(AECS)项目飞行试验台

飞机型号:F-15A

任务:先进环境控制系统研制

使用期:20 世纪 70 年代中期

负责机构:美国空军飞行力学实验室

承包商:麦道公司

先进环境控制系统(AECS)是由美国空军飞行力学实验室(AFFDL)在 20 世纪 70 年代研制的,使用一架 F-15A 作为该系统的试验机。

AECS 是由各种各样空调组成的,用来冷却飞机的电子设备,这些电子设备在进行高性能飞行的时候有时会过热。这个系统也可以在飞机起飞、飞行和着陆的时候,给飞行员提供一个更舒适的驾驶舱环境。

AECS F-15A 在麦道公司的圣·路易斯工厂改装,1977 年 5 月首飞。

AECS 项目实际上在三年前就开始了,因为修理由于过热损坏的航电设备的成本不断上涨。

飞行力学实验室的工程师们解释说,当飞机电子设备的温度超过 100℃时,半导体、电阻和二极管这样的小零件就不工作了。由于航电系统的可靠性下降,任务的可靠性也会下降,而维修成本则大大增加。

据说,大约 52% 的航电系统故障都与环境条件相关,例如温度、湿度和灰尘。在这些与环境有关的故障中,有 55% 与高温有关。

AECS 是一个再生系统,它通过机载吸热设备处理热空气。而多数环境控制系统都是把热空气直接排放到大气中,对高速飞机的性能产生不利影响,主要是增加了阻力。而 AECS 的吸热介质则是来自驾驶舱和航电设备舱的油和泄出的(或用过的)空气。

AECS 的一个独特部分是涡轮压缩机,这个涡轮压缩机带有自动调节叶片,在所有飞行状态下都能提供较大的冷却能力。

AECS 使用了一种现货除尘器来净化空气,使用了一种高压脱水器来保持低湿度。因为使用了这些独特的机器和冷却技术,AECS 能一直给飞机的航电舱和驾驶舱提供 40 ℉的洁净干空气。

1977 年,在加州爱德华空军基地和得克萨斯州比威尔的蔡司菲尔德完成了 AECS 的全部飞行试验。

F－15 反卫星武器系统(ASAT)项目飞行试验台

飞机型号:F－15A
任务:用一架 F－15 飞机演示发射反卫星武器系统
使用期:20 世纪 80 年代
负责机构:美国空军
承包商:麦道公司

研制一种反卫星武器系统(ASAT)一直是美国国防部的目标。从 20 世纪 60 年代以来,已进行了多次尝试,尽管大胆但都不成功。大部分的尝试都极度复杂,但是,在 20 世纪 80 年代的一个项目中,使用一架战斗机发射导弹证明这件事情是可以做到的。

ASAT 项目实际上早在原型微小型空射段(PMALS)反卫星项目的时候就已经开始实施。随着项目的日趋成熟,项目的名称从 PMALS 改成了更贴切的 ASAT。

该项目需要改装一架 F－15A 飞机,使其具有携带和发射 2 700 lb 的两级火箭的能力。导弹的第一级是 AGM

通过 F－15A 试验机机尾上的这个标识就可以知道是 F－15 ASAT 项目(美国空军提供照片)。

－69 短程攻击导弹(SRAM)的第一级,第二级是 6 000 lbf 推力的"牛郎星Ⅲ(AltairⅢ)Thiokol"火箭发动机。这套系统还有一个寻的系统和一个把导弹保持在航线上的小型火箭发动机。

1985 年 9 月 13 号完成了系统的唯一一次实弹试验——这架 F－15 试验机以几乎垂直的姿态飞到 80 000 ft 的高度,然后发射了导弹。这个项目使用的这架特殊 F－15 属于驻扎在爱德华空军基地执行各种试验支持任务的几架飞机中的一架。ASAT 摧毁了一个美国 Solwind P－78－1 伽马射线频谱仪卫星。尽管发射很成功,但再没有重复进行这个试验。这套独特的 ASAT 系统本来是要对付可疑的苏联卫星,但却没有继续进行下去。

这个项目分为两个阶段:F－15A 发射试验台改装阶段和武器系统研制阶段。

飞机的改装又被称为 A 组工作,包括安装了改进的中央计算机,扩展了环境控制系统(ECS)管道,加强了弹药舱盖和弹药传送的限制器等。

这显然是一架独特的航天导弹发射平台。把一颗美国卫星击落下来就证明这个概念是成功的,但这套系统从未部署(美国空军提供照片)。

图中一架 F-15A ASAT 试验机正在由一架 KC-135 加油机进行空中加油。可以看见 ASAT 武器安装在飞机机身下(美国空军提供照片)。

与导弹相关的 B 组工作包括研制两级 ASAT 导弹和专用中心线挂架,改装弹药舱门和载机设备托架等。

使用的发射技术称为"陡直上升"发射机动,在导弹发射前,发射飞机给导弹提供一个很大的助推速度。在极高的高空发射导弹避免了导弹在低空慢速飞行时经受的气动阻力。

在 1994 年之前,这架 F-15 飞行试验台在爱德华空军基地一直很活跃。

F-15 IFFC/ABICS/ICAAS 项目飞行试验台

飞机型号:F-15B

任务:验证使用混合新技术来改进战斗机的生存性和攻击精确性

负责机构:空军航电和飞行力学实验室、美国海军、国防部及其他部门

使用期:20 世纪 70 年代和 20 世纪 80 年代

承包商:麦道公司,马丁·玛利埃塔公司和诺斯罗普公司

IFFC 项目

　　这个项目称作综合飞行和火控(IFFC)/萤火虫项目,目的是验证一种可以改善所有战术飞机作战效能的技术。IFFC 涉及飞控系统和火控系统的综合使用。IFFC 概念的基础是在躲避威胁的机动飞行中精确投放空对地武器,以及在飞行员协助下实施空对空跟踪。

　　IFFC 项目中空对地部分的研究内容是如何在进行转弯机动飞行的时候对地面目标发射武器。这个系统要改变传统的武器投放过程,传统的做法是,滚转成机翼水平的稳定姿态,然后再发射武器,这样做的过程中飞机易受攻击。

　　一架双座 F-15B(序列号:77-166)被选为试验机,用于执行空军航电和飞行力学实验室的这个联合项目。为了使改装工作量最小,要求尽可能使用库存硬件。

这架 F-15B 飞机最初被改装成 IFFC 构型(麦道公司提供照片)。

毫无疑问,这是 IFFC 构型的 F-15B 飞机,飞机机尾上带有明显的项目标识
(麦道公司提供照片)。

飞行员从最开始就注定要成为这个项目的最重要角色——从全手动操纵到飞行员协助的自动操纵。另外，在 IFFC 构型，飞行员可以指定一个轴上的运动采用自动操纵，其余轴上的运动则采用人工方式操纵。这个系统还在攻击模式最终阶段协助飞行员的操纵——这个阶段中精确操纵至关重要。

IFFC 系统着重要改进空对空和空对地作战能力。在空对空任务中，系统把控制优先权赋予自动操纵系统，飞行员的工作仅仅是把目标保持在瞄准方框之内，而瞄准方框的大小与自动系统的权限相对应，最后，IFFC 系统完成射击。

IFFC 系统的一个主要部分是所谓的"萤火虫 3"，这是一个通用电气公司

这架飞行试验台的最后一种构型是为 ICAAS 项目改装的，飞机外部没有特殊的区别标记。ICAAS 项目没有完成就被撤销了（美国空军提供照片）。

的飞机概念，它包括一个光电传感器/跟踪器吊舱、一个数据处理器和一个使用系统生成的目标数据的火控系统。

IFFC F – 15B 的主要改装包括增加了马丁–玛利埃塔公司的 ATLAS II（自动跟踪激光照射系统），它是主要传感器和跟踪器。ATLAS II 吊舱安装在左侧发动机舱下。

1981 年，这个项目在爱德华空军基地总计进行了约 200 架次飞行试验。空对地射击和轰炸试验表明，相对于传统方法，IFFC 系统抵御敌方地面防空火炮威胁的能力和武器发射精度得到大幅度提高。

许多从 IFFC 项目采集的数据直接应用到了 AFTI/F – 16 的项目中。

ABICS 项目

在完成了 IFFC 项目之后，这架 77 – 166 号 F – 15 又成为 ABICS 项目的主角。ABICS 计划即基于 Ada 语言的综合控制系统计划，目的是试验 Ada 软件的效能。在这个项目中，对 16 位和 32 位 Ada 计算机进行了飞行试验。

这个项目（在试验机上安装了新软件和新硬件）的目的是对一种惯性基准组件和 Ada 飞控系统进行研制和飞行验证。

从外形方面看，ABICS 构型与同类飞机并无两样。IFFC 项目中在机身增加的吊舱被

拆除。

在整个 ABICS 项目中,有几种不同的类型,其中包括 ABICS Ⅰ、Ⅱ 和 Ⅲ,它们检查了各种飞行和火控技术。也有实施 ABICS Ⅳ 的计划,但却没有实现。

ABICS 构型在 1984 年 9 月份首飞,在 1987 年 3 月飞行试验达到了高峰:1987 年 3 月使用多功能传感器实施了综合飞控、火控和导航系统试验。20 位飞行员在总飞行时间约为 70 h 的 52 次飞行中对系统进行了试验评估。

ICAAS 项目

77 - 166 号飞机的最后构型是 ICAAS(获得空中优势的操纵与航电综合控制)项目。这个项目的目的是研究一种技术,确保在空战中处于劣势的情况下射杀对方并成功逃离。

ICAAS 的改装包括增加了一个新的玻璃驾驶舱和头盔显示器,升级了航电系统,使用了新电源,更新了中央计算机,并改进了雷达。不幸的是,ICAAS 飞机仅仅飞行了 4 次,这个不成熟的项目就终结了。

这架 77 - 166 号 F - 15B 从 IFFC 构型改装成 ABICS 构型。机尾上的 IFFC 标识被取掉,更换成了原来的爱德华空军基地的机尾标识(美国空军提供照片)。

F－15 高度集成数字电子控制飞行试验台

飞机型号:F－15A

任务:电子飞行控制和发动机控制系统研制

使用期:20 世纪 90 年代

负责机构:NASA 德莱顿飞行研究中心

承包商:麦道公司

F－15"鹰"已经在作战中证明了它是 20 世纪 80 年代直到 90 年代世界上最好的飞机。这种飞机还证明自己是一种优秀的试验机和模拟器,曾参与了许多试验项目。这架特殊的 F－15A 是 NASA 德莱顿飞行研究中心在 1976 年从空军买来的,总计参加了二十几项研究项目。

最近使用这架特殊的"鹰"开展的项目是 HIDEC(高度集成数字电子控制)项目,这个项目在 NASA 德莱顿飞行研究中心实施,目的是对集成数字电子飞行和发动机控制系统进行飞行试验。

F－15 HIDEC 飞行试验台验证了通过系统性能优化可以改进爬升率、节约燃油,并提高发动机推力。还使用这架试验飞机对空军的计算机自修复控制系统进行了试验和评估,这种自修复系统能够检测受损或有故障的飞行舵面,然后切换到备份控制律。这样,未受损的飞行舵面可对受损的飞行舵面进行补偿,保证飞机可以继续执行任务或安全着陆。

在其中的一次试验中,HIDEC 飞行试验台验证了仅仅通过控制发动机的动力进行安全飞行和着陆的能力。HIDEC 飞控系统具有对发动机编程的能力,能够通过改变发动机转速,来规划飞机的转弯、爬升、下降和最终着陆动作。这个工作起源于 1989 年的一架客机紧急着陆。在那次紧急着陆中,飞行员失去了对所有舵面的控制,最后仅仅使用发动机功率安全着陆。

F－15 HIDEC 飞机安装了大量测试仪器,还有一个综合数字推进-飞行控制系统。它的飞行包线也很大,能完成复杂的研究项目。另外,这架飞行试验台换装了先进的 F100 EMD 动力装置,而不是常规的 F100－PW－110 或－220 发动机。换用这种动力装置后,F－15 HIDEC的飞行马赫数达到 2。

HIDEC 飞机的其他改装包括安装了一个驾驶舱控制面板,上面有两个指轮控制装置,一个用于控制俯仰,另一个则用于控制倾斜转弯。HIDEC 系统把飞行员的输入转变成发动机油门指令。

据 NASA 说,HIDEC 项目进行的所有研究对于未来民用和军用飞机都是适用的。

HIDEC 项目的最后一次飞行是在 1993 年 10 月 29 日进行的。毫无疑问,在未来的许多年中,这架独特的飞行试验台会继续执行更多的研究和试验任务,支持新项目的发展。

F-15 HIDEC 试验机被用来进行综合数字电子飞控系统的飞行研究(NASA 提供照片)。

F－15 STOL/MTD,ACTIVE 飞行试验台

任务:短距起落和大迎角机动能力研究
使用期:1985 年到 20 世纪 90 年代中期
负责机构:空军莱特实验室,NASA
承包商:麦道公司,普惠公司

　　F－15 STOL/MTD 项目的目的是研究未来的战斗机在又湿又短、被炮弹炸毁的跑道着陆的能力。另外,试验机还验证了改进作战机动性的能力。人们是不会把这架带有鲜艳的红、白、蓝三色图案的试验机搞混的。

　　这架试验飞机是一架经过大量改装的 F－15B"鹰"飞机,曾参加了 1985 — 1991 年的试验项目,验证普惠公司制造的两维推力矢量/反推力喷管构型。除了独特的发动机喷管之外,STOL/MTD 飞行试验台还在前机身上安装了鸭翼。其他的改装包括,综合飞行-推进控制系统,加强的起落架和极大地减轻了飞行员工作负荷的先进驾驶舱。

　　项目的初始阶段开始于 1988 年 9 月,用标准的环形喷管进行了 43 次飞行试验。然后,空军和承包商安装了推力矢量和反推力喷管并进行了地面试验,这个推力矢量和反推力喷管由普惠公司设计和制造。

　　1989 年 5 月 10 日,装有新式喷管的 F－15 STOL/MTD 在兰伯特-圣·路易斯国际机场进行了首飞。6 月 16 日,飞机转场到了加州的爱德华空军基地。之后不久,F－15 STOL/MTD 对连接有飞行-推进综合控制系统的新式喷管的推力矢量特性进行了演示和评估。

　　在爱德华空军基地进行的粗糙跑道滑行试验是在 1989 年 9 月完成的,飞机的特殊起落架使飞机能够在炮弹炸毁的粗糙跑道上滑跑。1989 年 12 月,STOL/MTD 试验机演示了它的自主着陆制导能力,在爱德华空军基地进行了一次精确的夜间着陆,完全依靠内部传感器,没有依靠跑道灯和地基导航辅助设施。

F－15 STOL/MTD 试验台绚丽的图案不可或缺(美国空军提供照片)。

1990 年 4 月进行的推力矢量辅助起飞试验证实可减少起飞滑跑跑道长度 38%。F－15 STOL/MTD 的第一次反推力飞行试验在 1990 年 5 月 22 日进行。在接地之后使用反推力和防滑自动刹车,STOL/MTD 的着陆距离为 1 650 ft(约 502 m)。

在最近的一次试验中,STOL/MTD 的空中推力矢量包线扩大到了 40 000 ft,马赫数为1.6。在推力矢量的帮助下,之后,飞机在大迎角条件下的俯仰机动性比传统飞机提高了 110%。

飞机独特的推力矢量喷管系统的细节在这张俯视照片上清晰可见(麦道公司提供照片)。

从这张 F－15 STOL/MTD 的正视图可以清楚地看见安装在发动机进气道上的鸭翼,极大地增加了飞机的机动性(麦道公司提供照片)。

处于全打开位置上的二维喷管(麦道公司提供照片)。

正在圣·路易斯的麦道公司工厂建造的 F-15 STOL/MTD 飞机(麦道公司提供照片)。

　　战术空军司令部的飞行员在 1990 年 10 月试飞了 STOL/MTD 飞机,建议在所有 F-15E 飞机上改装自主着陆系统。海军也在 1991 年试飞了这种飞行试验台,对它在航母上的适用性进行了评估。最终,对 STOL/MTD 的红外信号特征进行了空中测量,评估推力矢量/反推力喷管是否可以降低飞机应对红外威胁的易损性。

　　这个项目于 1991 年 8 月在爱德华空军基地完成,飞机被放入机库存放。

　　因为项目所取得的成绩显著,它被授予了 1990 年航空航天大奖,表彰它对航空航天技术所做出的杰出贡献。

F-15 ACTIVE 项目

　　在完成了 STOL/MTD 项目之后,这架特殊的复杂试验机本应长期停放在机库中,在过去,其他飞行试验台都是这种情况。但是,因为要执行另一项工作,这架经过大量改装的"鹰"在被搁置了 22 个月之后又重获新生。这项工作就是所谓的 ACTIVE 项目(先进控制技术综合飞机计划),是 NASA、美国空军和普惠公司的联合项目。

　　这个项目的目的是研究在 F-15 上

在项目的早期,艺术家眼中的一架作战 F-15 STOL/MTD 的外形想象图(麦道公司提供照片)。

安装更先进的轴对称俯仰/偏航矢量喷管技术。这种喷管的概念类似于安装在 VISTA NF-16 上的喷管,可以在任何方向上偏转推力,不只是向上或向下。

莱特实验室的丹尼斯·维兰德先生指出,使用这种先进的喷管技术最终可以使用喷管进行飞机配平,这样就可以在机动和巡航飞行时减小阻力。但是,ACTIVE 项目的重点在于后一点上。

为了开展 ACTIVE 项目,必须对飞机结构进行改装,使飞机能够容纳新喷管并进行飞行。对机身也要加强以承受更大的偏航力,机身整流罩也要更换,这样,能够把矢量发动机喷管安装在发动机原来的位置上。

毫无疑问,在未来的几年中,在这架令人惊异的 F-15 飞行试验台上还要尝试和试验其他的先进技术。

F-15"敏捷鹰(Streak Eagle)"飞行试验台

飞机型号:F-15A

任务:验证F-15A的性能

使用期:1972—1975年

负责机构:美国空军

承包商:麦道公司

　　F-15飞机适用于多种试验用途和项目,这一点毋庸置疑。最令人感兴趣的用途之一就是用它创造爬升速度纪录。在这里,它的"试验台"名称就明显与其他地方的用途不同。

　　第一架专用F-15是用在所谓的"敏捷鹰"项目中。这个表示"迅速"的名称用在这里确实非常合适。这个项目中的专用F-15是第19架预生产型飞机。改装"敏捷鹰"就是为了创造新的爬升速度世界纪录。

从飞机机头两侧耀眼的标识可很容易辨认出这架专用F-15飞行试验台(比尔控股公司提供照片)。

　　人们把"敏捷鹰"上不必要的东西尽可能去掉——导弹、雷达、航炮、尾钩、一台发电机、通用液压系统、襟翼和减速板作动器等等。另外,对飞机不喷漆又减掉了40 lb质量。这只"飞鸟"不需要任何多余的辎重。

　　然而,为了达到目的,还要增加一些专用设备:用限制装置替代了标准尾钩,带有攻角和侧滑角传感器叶片的机头空速管安装管,还有特殊的电池组和控制装置。其他特殊设备包括一个摄影机、一个过载仪、备份姿态陀螺、确定高度的设备和配重等。

　　"敏捷鹰"的净重比生产型F-15少几乎2 800 lb。燃油量为3 000～6 000 lb不等——油量只够完成一次飞行。

　　试验飞行在1975年的早期进行,但是早在1973年,麦道公司的工程师们就对这点深信不疑:这架飞机能够打破由F-4和MiG-25飞机所保持的爬升速度纪录。所创的高度和时间纪录如下:

　　3 000 m(9 843 ft)　　　27.57 s

6 000 m(19 685 ft)　　39.33 s

9 000 m(29 685 ft)　　48.86 s

12 000 m(39 370 ft)　　59.38 s

15 000 m(49 212 ft)　　77.02 s

20 000 m(65 617 ft)　　122.94 s

25 000 m(82 021 ft)　　161.02 s

30 000 m(98 425 ft)　　207.80 s

进行一下比较我们就可以知道这个速度到底有多快:一架波音 727 爬升到 9 000 m 的巡航高度要用 15 min,而"敏捷鹰"却用了不到 1 min! 这架"敏捷鹰"现在停放在空军博物馆进行展览。

　　F-15"敏捷鹰"是一种不同类型的飞行试验台,它是为创造爬升速度世界纪录而专门设计的,它也做到了这一点(比尔控股公司提供照片)。

F-16 先进战斗机技术综合飞行试验台

飞机型号：F-16
任务：先进技术概念的研究和综合
使用期：1982 年—
负责机构：俄亥俄州莱特–帕特森空军基地莱特实验室
主承包商：通用动力公司和洛克希德公司

新型军用飞机的研制是一个长期和复杂的过程，从初始需求规范的制定到第一架飞机进入服役常常要花费十多年的时间。一般都是这样的情况：一种新型飞机刚开始投入使用，决策者们就开始找寻它的后继机型了。他们必须至少提前十年就提出设想，假设可能会遇到的各种威胁，并组织研究应对这些威胁的先进技术。正是为了这个目的，为 20 世纪 90 年代将要研制的新型战斗机开发新技术的研究项目——先进战斗机技术综合（即 AFTI）项目诞生了。

AFTI 项目在 20 世纪 70 年代早期发源于空军飞行力学实验室（现在的莱

这是 1980 年艺术家眼中的 AFTI/F-16 的构型，这个设计把电传操纵、先进显示器与综合飞控系统和武器火控系统集成在了一起（美国空军提供照片）。

特实验室）。当时，F-15 即将投入使用，F-16 处于早期设计阶段，AFTI 项目的目的是为下一代战术战斗机开发新技术。这个项目不仅仅是研究和验证一些新技术，而且要把这些技术集成到一架飞机上演示它们的协同影响。这也就意味着 AFTI 项目要演示在一个集成系统中综合使用所有这些新技术特性所获得的优势大于单独使用这些技术所获得的优势之和（我们经常所说的"1＋1＞2"的说法）。AFTI 应当演示这些先进技术如何使飞机的机动性更好，如何使飞机执行更多样化的任务，如何提高飞机的生存性，并演示验证尽管系统的复杂性增加了，但飞行员的工作负荷却减轻了。

AFTI/F-16 是研究能力最强大的试验机之一。这个项目始于 20 世纪 80 年代初期，到 20 世纪 90 年代中期仍旧在进行着(美国空军提供照片)。

最初的 AFTI 项目要求新制造一架飞机。但随着项目在 20 世纪 70 年代的进展，由于成本限制，只能选择对一架现有飞机进行改装。F-15 和 F-16 就自然而然地成为了候选机种。1977 年夏天，分别授予麦道公司和通用动力公司概念研发合同，要求分别改装一架现有飞机，进行 AFTI 概念设计研究：要求麦道公司研制一架 AFTI/F-15 飞机，要求通用动力公司研制一架 AFTI/F-16 飞机。研究的内容是探索如何改装这些飞机，来验证使用直接力控制进行武器指向的能力，并验证综合火控和飞行控制技术、数字飞控技术，改进驾驶舱。

AFTI/F-16 设计方案中选，1978 年，通用动力公司获得了工程研制合同，并获得一架预生产型 F-16(序列号为 75-750)作为试验机。

随着设计进展，AFTI/F-16 就有了新的外形。在进气道的下方安装了一组腹鳍，前机轮的两侧各有一个。在机身的顶部增加了一个机背整流罩，里面安装增加的电子设备。驾驶舱也进行了改装，里面安装了先进显示器和控制装置。增加的新能力包括：

• 直接升力和俯仰指向控制：对 AFTI/F-16 的襟副翼的工作方式进行了修改，可以作为直接升力装置使用，获得新的机动能力：在姿态不变的情况下进行垂直平移，在恒定高度实现需要的俯仰指向。这些能力称作"去耦模态"，这是因为通常必须相互关联的俯仰姿态和垂直运动现在可以独立了。这样一来，就可抬起机头捕捉目标，而不会造成飞机增加高度，或者，在保持飞机俯仰姿态不变的情况下可保持精确的飞行轨迹控制。这两种能力也能结合在一起"增强机动性"，例如，为了增强上仰机动能力，当飞行员向后拉杆时，襟副翼会自动偏转几秒钟。这种增加的升力使 AFTI/F-16 在垂直方向上实现快速运动，甚至在机头还没有抬起到所需要的爬升高度的时候就完成了这种运动。

• 直接侧力和偏航指向控制：横向和偏航运动的去耦合使机头指向和横向运动相互独立。正如垂直安定面和方向舵那样，当鸭翼偏转时就会产生一个侧力和偏航力矩。当鸭翼和方向舵共同工作并向同一方向偏转时，偏航力矩就被抵消，形成一个纯侧向运动，而机头则保持指向前方。如果两个舵面反方向偏转，机头就会从一侧指向另一侧，而不附带任何侧向运动。

• 数字飞控：标准的模拟飞控计算机被更换成数字计算机。AFTI/F-16所演示的复杂机动动作需要连续地把所有舵面的运动混合在一起。虽然一个机动动作似乎很简单，但实际上需要使用许多舵面才能完成，每个舵面在精确时间内的移动量很小。完成所有这些操纵超出了飞行员的能力。对于AFTI/F-16，飞行员只需要把驾驶杆移动到他希望的运动方向上，计算机就会确定如何移动每个舵面来产生所需的运动。对于模拟计算机飞控系统（20世纪70年代的最新技术）而言，运算这些运动的数学方程就显得极度复杂，但在一台数字计算机上进行编程就相当简单了。在数字飞控计算机上对这些方程式进行改变也更容易，这是因为旧程序可以删除，更换成新程序即可。然而，对模拟飞控系统来说，每次改变都需要制造新的电路板。数字计算机技术保证获得了更大的灵活性和更强大的能力，同时也降低了成本和复杂性。

• 先进驾驶舱：未来作战环境中遭受的威胁必定比以前更大，种类也更多。同时，可以打击这些威胁的己方飞机也可能更少一些。这样的话，对每架飞机和每位飞行员的要求就更多了。已经在实验室进行过广泛试验的几种新技术非常有希望减轻飞行员的工作负荷，使飞行员能够执行更多类型的任务。AFTI/F-16有一个先进驾驶舱，里面有双阴极射线管，称作多功能显示器。与小型的电视监视器一样，这些多功能显示器替代了许多标准的机械仪器。仪器的图形（如姿态指示器和飞行指引仪）是被画在显示器上的。当执行不同任务时（如穿越一个国家的飞行、空对地作战等），飞行员可以调用这些显示器的不同画面。另外，由计算机持续监视的各种系统的状态也可以按照需要显示，把飞行员从监视大量的刻度盘仪表中解放出来。所有这一切只需按动一个按钮。

• 声控系统：请想象一下只要告诉飞机要做什么，而不是必须按动按钮或转动刻度盘的情形。AFTI/F-16进行了声控系统的飞行试验，这是前所未有的。飞行员可以发出一个单词或短语，就会实现一个动作。当然，飞行员可要求飞机去做的事情的数量有限，例如，打开电台或瞄准各种各样的武器，但这套系统却保证了可以让飞行员把自己的手一直放在驾驶杆和油门上，眼睛看着驾驶舱外。

• 综合火控/飞控：一架飞机的火控系统控制着捕捉目标和发射武器，而飞控系统则让飞机按照飞行员的命令进行机动飞行。把这两个系统合并或集成在一起，就会减轻飞行员的工作负荷，这在以前是不可能的。在过去，要捕捉一个目标，飞行员必须进行机动飞行，直到目标接近航炮瞄准具的中心，并手动用雷达使火控系统锁住目标。在

AFTI/F-16上,航炮瞄准具在飞行员的护目镜中弹出,雷达也受飞行员的头部位置控制。要捕捉一个目标,飞行员只需转动头部,把航炮瞄准具对准目标,然后按下操纵杆上的一个"指定"按钮。在把目标指定到火控系统之后,计算机就会产生一个显示,给飞行员提供目标的连续方向。这就使飞行员能够腾出手来观察其他的潜在威胁了。

AFTI/F-16于1982年7月完成了改装并交付给了空军,然后转场到加州爱德华空军基地的德莱顿飞行研究中心。在20世纪80年代的早期,这架试验飞机由空军、NASA、海军和通用动力公司联合试验小组使用。对新系统进行了试验、改进和再试验。在飞行试验过程中,有一些情况与预期的一样,其他的必须进行进一步的改进和细化。在飞行试验的第一阶段,1982年和1983年进行了100多次试飞。最后,AFTI/F-16还要进行三项重大飞行试验任务。

到了1984年,用于未来飞机的更多新技术已经在实验室研究出来,并准备在AFTI/F-16上进行验证。这一切都集中在保证飞机在近距离空中支援任务中的生存性方面。未来飞机必须飞得更低,贴着地面地形,防止被敌方发现。这样,就需要侦查目标所在区域,在通过这个区域的时候捕捉多个目标并摧毁它们,然后离开。在未来的电子战场上,在战区逗留或第二次通过目标上空都是很危险的。另外,作战任务要求在白天和夜间飞行,要求几乎在所有的气象条件下飞行。在20世纪80年代所使用的近距离空中支援的技术包括:

AFTI/F-16与一架T-38伴航机进行编队飞行(美国空军提供照片)。

AFTI/F-16还被改装成了一架近距离空中支援(CAS)构型(美国空军提供照片)。

· 互联网攻击：过去,飞行员必须使用自己的眼睛或机载传感器来捕获和攻击目标。他经常得到其他飞机上的飞行员的口头帮助,得到地面观察员的帮助,或得到附近的电子战飞机上的传感器操作人员的帮助。有了互联网攻击系统,其他的信息源(另一架攻击机、侦察机,甚至是一颗轨道卫星)都可把目标数据传送给 AFTI/F-16,帮助它自动对一个目标进行定位和锁定。

· 自动机动攻击系统(AMAS)：这个系统使 AFTI/F-16 能够进行机动攻击。在过去,飞行员必须把飞机对准目标,然后以合适的空速、下降角度和高度发射武器。在对准目标的时候,攻击者自身也是非常容易被攻击的。AMAS 系统使飞机能够进行机动攻击,而在这种攻击中,飞机不需要处于稳定状态。这个系统包括一个红外跟踪器,安装在右侧的翼根处。

· 增强的夜间攻击头盔显示器：在低空、夜间或低能见度的时候,飞行员的眼睛要一直盯着驾驶舱外,这对飞行员特别重要。前视红外雷达(FLIR)是一种可以在夜间或雾气条件下看见东西的系统——发出前方地形的视觉图像。在 AFTI/F-16 上,FLIR 信号得到了数字加强,提供给飞行员较好的周围地形的视觉图像。这个图像显示在飞行员的护目镜或平显上,使飞行员能够把自己的眼睛盯着驾驶舱外面。另外,任何可以在驾驶舱多功能显示器上生成的显示(包括系统信息)都可以投射到飞行员的护目镜上。

AFTI/F-16 项目的第二个阶段是通用动力公司对飞机进行改装,使飞机具有这些能力。飞行试验从 1985 年 4 月开始,到 1987 年 3 月,总共进行了 150 多个架次试验飞行。

第三个阶段和最后一个阶段从 20 世纪 80 年代的后期开始。在飞机上增加了一些新系统,主要包括:

· 自动防撞地系统(AutoGCAS):近距离空中支援任务的最大危险是撞地。发生这种情况主要有两个方面原因:飞行员拉了多次过载(或过载过大),导致其昏厥,或离地形太近,无法躲避。毫无疑问,地形越起伏,撞地的可能性越大。AFTI 的 AutoGCAS 系统存有一张数字地形图,并使用惯性导航和雷达高度仪在数字地图上提供精确的位置和高度。如果飞机处于撞地的危险之中或飞入山谷中,系统就会给飞行员提供声音和视觉信号。如果飞行员没有立即做出反应——或者是因为他正在全神贯注,或者因为他晕过去了——系统就会自动改平机翼,并开始拉起,使飞机及时脱离危险。

在飞行试验的第三阶段对飞机又进行了改装,还是由通用动力公司完成的。试验机一直以来都很昂贵。AFTI/F-16 是最后一架仍在飞行的预生产型飞机,使用成本非常高,这是因为许多零件都是定制的。另外,老化问题也出现了,例如出现了许多漏油的情况。作为第三阶段飞机改装的组成部分,机翼、水平尾翼和发动机进气道都更换成了标准的生产型部件,使飞机更易于保障。

飞行试验于 1994 年 5 月完成,最后是投弹和导弹实弹发射。在最后一次演示飞行中,AFTI/F-16 和两架 F-18 飞向加利福尼亚沙漠的一个模拟目标。F-18 首先发起攻击。随后,实时处理了从其他飞机和卫星所获得的侦察数据,在机载任务计算机上改变了最终目标,同时,AFTI/F-16 也飞向目标。

尽管让 AFTI/F-16 退役的争论一直在持续,但它还一直在飞行着。到 1994 年的中期,准备进行另一阶段的 AFTI/F-16 的飞行试验,这一次是要研究和验证在坏天气条件下攻击目标的技术,而不仅仅是绕着坏天气区域飞行或飞过坏天气区域!

AFTI/F-16 在未来的一段时间内或许还会继续使用。

YF－16 CCV/FLOTRAK 项目飞行试验台

飞机型号:YF－16（F－16 原型机）
任务:验证数字电传飞控系统概念并在 FLOTRAK 试验项目中使用
使用期:1976 — 1977 年(CCV),20 世纪 80 年代早期(FLOTRAK)
负责机构:空军飞行力学实验室
承包商:通用动力公司

　　20 世纪 70 年代中期到晚期,空军继续对电传飞控系统的概念感兴趣,这个项目在所谓的 F－16 CCV(随控布局飞行器)的项目中得到延续。这个非常成功的项目证实,通过把操纵系统设计成非传统飞行模式,就能增强未来高性能战斗机的作战能力。

　　这个项目所使用的 F－16 也非常令人感兴趣——这是第一架"隼"式战斗机,也就是 YF－16 原型机。把飞机改变成 CCV 构型的改装包括在进气道下安装了一对鸭翼,不同于先前的 F－4 电传操纵试验机,这对鸭翼的安装角是垂直方向侧偏30°。

　　另外,还加装了一台辅助飞控计算机,增强了原操纵系统的能力。CCV 操纵面板选用的是各种操纵构型工作模式:激活开关在驾驶杆上,特殊操纵构型模式的显示器在仪表板上。

F－16 随控布局飞行器(CCV)以 YF－16 原型机为试验机(美国空军提供照片)。

左图是在进气道上安装的鸭翼的位置。
项目证明,先进的机动性能对于未来战
斗机是适用的(美国空军提供照片)。
右图是制造过程中的CCV试验台的前
鸭翼(美国空军提供照片)。

   对燃油系统也做了改变,增加了三个传输泵。在飞行中用液压作动器把鸭翼倾斜成
不同的角度:与其流线型位置形成±25°。在一些操纵模式下,鸭翼实际上与方向舵联动,
产生侧力。

   空军飞行力学实验室的项目经理迪克·斯沃特其尔解释说,CCV项目是新型飞机设
计的一种极好的工具。他还说,F-16是进行这种试验的最好飞机,但是,飞机的非传统机
动能力受到了传统舵面的限制,如大型垂尾。

F-16原型机是CCV项目的试验机,后来是FLOTRAK项目的试验机
(美国空军提供照片)。

图中的 F－16CCV 用于第二个试验项目,即,FLOTRAK 项目。这个项目是要研制一种系统,防止重载的战斗机陷入到泥地中(美国空军提供照片)。

迪克·斯沃特其尔还说,如果 CCV 战斗机要从头开始设计的话,它的外表与现在这种构型就会完全不同。他说:"这种飞机的垂尾面积应该小一点,使侧力有更大的权限,或者机尾应设计成旋转尾翼,具有 CCV 模式和传统模式的功能。"

F－16 CCV 验证了许多在机翼水平飞行时才能完成的横向机动。人们认为这种能力对于跟踪地面目标和空对空作战是有效的。人们对 CCV 在跟踪行驶在蜿蜒公路上的敌方车辆的能力进行了评价,认为也是非常有效的。

F－16 CCV 所展示的另一个令人惊异的能力是不用改变功率就能把机头指向上或指向下,或者在保持对地面稳定跟踪的情况下,把机头指向左或指向右。这些能力使飞机不易受紊流和阵风的影响。

CCV 的飞行试验实际上有四个阶段:新构型的功能检查、多飞行模式评估、CCV 在作战中的应用以及放宽稳定性试验(鸭翼拆除后进行)。

CCV 试飞员感受到的一个令人感兴趣的影响是对飞机 0.9 g 侧向过载的反应。飞行员报告说,因为上体没有任何支撑,那种状态感觉非常疲劳。人们又确定,新建的 CCV 飞机一定要解决这方面的问题,要确定飞行员在进行大横向过载机动飞行时的约束方法。整个项目共进行了 85 次试飞。值得注意的是,项目纯粹是研究性质,没有在生产型 F－16进行 CCV 产品改进的意图。

FLOTRAK 项目

在执行了 CCV 项目之后,这架特殊的 YF - 16 随后(20 世纪 80 年代早期)在 FLO-TRAK 项目中再次使用。

这个项目的目的是要研究一种方法,防止重载荷的战斗机陷入到泥地中,被自己的轮印限制住而不能移动。FLOTRAK 项目仍然由飞行力学实验室管理,基本方法是给轮胎裹上 FLOTRAK,这是一层硬塑料壳,可以把飞机起落架的压力减少 2/3。

地勤保障人员只要把平板放到飞机轮胎的前方——就像飞机停止时放下轮挡一样,然后把飞机滑行到 FLOTRAK 上面。这种像轨道一样的装置包裹住机轮并紧紧固定。飞机到达起飞位置后,就可以很容易地把 FLOTRAK 装置拆除,并可重新在类似的飞机轮胎上立即使用。

在莱特-帕特森空军基地和爱德华空军基地都对这种独特系统进行了试验。

试验表明,无论是何种机型,FLOTRAK 系统都可极大地减少起落架对跑道道面的压力。例如,如果不使用 FLOTRAK,F - 16 主起落架轮胎对地面的压力为 275 lb/in^2;使用 FLOTRAK 后,轮胎对地面的压力下降到大约 80 lb/in^2。前起落架的轮胎对地面压力从 215 psi 减少到 80 psi 左右。

每个 F - 16 主起落架的 FLOTRAK 装置的质量约为 97 lb,而前起落架的 FLO-TRAK 装置的质量仅为 27 lb。FLOTRAK 装置采用耐高温弹性聚酯材料制造。

F/A – 18 电驱动作动设计(EPAD)项目飞行试验台

飞机型号:F/A – 18

任务:电动飞控设计试验

使用期:20 世纪 90 年代中期

负责机构:美国空军/NASA/海军

承包人:利尔-西格勒公司

　　电驱动部件概念在几年前就像虚构的一样,但现在看来,不久的将来会出现全电飞机。

　　这项工作称作电驱动作动设计(EPAD)验证项目,是美国空军、海军、NASA 与莱特-帕特森空军基地航空系统中心(ASC)开展的一项联合项目,莱特-帕特森空军基地航空系统中心对 F/A – 18 试验机负全责。

　　之所以选择 F/A – 18 执行这个项目是因为它是一种全电传飞

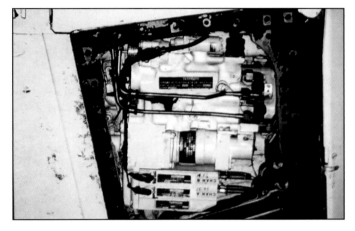

EPAD 项目使用一架 F/A – 18 试验机对电驱动作动系统进行试验。这张照片是系统安装的详情。

机,改装单个作动器很容易。更重要的是,对于响应速度和功率密度两方面性能都有很高的要求,这也是战斗机使用电作动器的关键。

　　EPAD 项目的最初飞行试验是于 1997 年 5 月到 7 月期间在加州爱德华空军基地的 NASA 德莱顿飞行研究中心进行的。试验的第二阶段于同年秋天开始。

　　克里斯·汉森上校是 EPAD 的项目经理,他解释说:"EPAD 要验证电动飞控作动器。如果验证成功,电作动器将取代传统的液压作动器对舵面(例如襟翼和副翼等)进行操纵,并最终淘汰飞机上的核心液压系统。"

　　对这项创新的评价是,它极大地增加了飞机飞控系统的可靠性,而且更容易维护。电作动器是一种独立(没有连接到中央液压系统上)设备,也是一种外场可更换零件。这样一来,如果一个电作动器发生故障,很容易进行更换,因为机械和电气连接非常简单,不需专业液压技术人员操作。

　　这种系统的一个最大优点是它的环保性好,不存在液压液体的泄露、排放和存储问题。这种电作动概念在未来的应用可能不局限于飞机,每种使用液压的设备都可以从这种技术中受益。

EPAD 飞行试验项目(分三阶段进行)评估了三种电作动器。对每个作动器进行了 24 项试验,每项试验持续大约 1 h。

在初始试验中,使用一种"智能作动器"替代了常规作动器,驱动 F/A-18 试验飞机左机翼的副翼。

这种"智能作动器"使用中央液压系统的常规动力驱动,但在作动器上安装了电子控制装置。这种装置提供独立的、故障后保持正常工作的自动保护,与一般的 F/A-18 的副翼作动器一样。它通过冗余光纤总线接收飞控计算机的输入信号,并电动操作作动器运动。但是,作动器却是通过液压动力来驱动副翼的。

F/A-18 的飞控计算机没有改动,但是它的界面控制盒有两点独特之处:其一是能把飞行控制指令转换成电控作动器的作动信号;另一个特点是使用光纤连接作动器,在试验机上使用光传飞控技术是世界上极为罕见的。

然而,电作动器这种想法并不新鲜,目前正在实验室进行研究。1985 年,曾在一架 C-141 运输机的左侧副翼上对一种机电作动器进行了试验,这架试验机隶属于俄亥俄州莱特-帕特森空军基地第 4950 试验联队。但是,当时被试作动器的响应速度不够,无法证实电作动器在战斗机上实际应用的目标是否能实现。

最后还应说明的是,虽然空军对研究项目提供了大部分研究资金,但由于这个概念大有希望,所以,承包商们也提供了大量的研究资金,除主承包商利尔-西格勒公司之外,马丁·玛利埃塔公司、MPC 工业产品公司和 HR 达信公司也都有投资。

F/A - 18 HARV 项目飞行试验台

飞机型号:F/A - 18
任务:大迎角飞行演示
使用期:20 世纪 80 年代和 90 年代
负责机构:NASA 阿姆斯中心/兰利中心/刘易斯中心
承包商:麦道飞机公司

迎角(AOA)是描述飞机机体和机翼与自身真实飞行轨迹之间的夹角的专用术语。在机动飞行的时候,如果飞机具备大迎角能力,就可以在多数空战状态下获得非常大的优势。

当飞机以大迎角姿态飞行时,如果飞机周围的气流从机翼上分离的话,就会产生很多问题。飞机在大迎角的时候,气动面所产生的力(包括机翼所产生的升力)就会大大减小。这样通常就会导致飞机缺乏足够的升力来维持飞行高度或对飞机进行控制。

NASA 的 HARV 项目产生的大迎角技术数据用于确认计算机分析和风洞研究结果,这些数据可以使工程师和设计人员更好地了解大迎角状态下的飞行控制效率和气流现象。简而言之,这个挑战性项目的目的是要给未来的高性能飞机提供更好的机动性,使飞机飞行更安全。

HARV 项目使用了一架预生产型 F/A - 18"大黄蜂"的改装型飞机。这个飞行试验台保留了标准的 GE F404 动力装置,在打开加力的条件下,每台发动机可产生 16 000 lbf 推力。HARV 的典型起飞质量大约是 39 000 lb,带有 10 000 lb 的内部燃油,还安装了推力矢量偏流板和独特的尾旋改出伞系统。

20 世纪 80 年代,海军把几架这种预生产型 F/A - 18 飞机交给了 NASA,替代先前用于进行各种试验任务的 F - 104 飞机。

即便没有进行增强大迎角能力的改进,F/A - 18 也已经是一种具有优秀大迎角性能的飞机。如果飞机是标准构型的话,对正常的重心位置没有限制。正是这种特性使得它成为了完成这个试验项目的理想选择。

HARV 项目于 1987 年开始了三个阶段试验的第一阶段。第一阶段持续两年半,用这架专门改装的 F/A - 18 HARV(第一架研究机)进行了 101 次飞行,实际达到的最大迎角接近 55°。为了测量试验机的性能,在飞机各个部分上还进行了气流的目视观察研究。

从 F/A - 18 机头附近的前缘延长部分前面的小孔中能释放出特殊的烟雾,用摄像机拍摄下烟雾跟随飞机周围气流的照片。还拍摄了贴在飞机上的纱线束,还有通过机头周围 500 个小孔释放到飞机表面的油性染料。所获得的这些额外的数据包括由位于机头 360°周围及飞机其他位置上的传感器所记录的气压。所有这些测量和气流显现技术帮助工程师们把理论预测与实际联系在了一起。

这架 F/A-18 预生产型战斗机为 HARV 项目进行了改装。HARV 项目始于 1987 年，一直持续到了 20 世纪 90 年代。在照片中可以很清楚地看见偏转发动机排气的折流板作动系统（NASA 提供照片）。

HARV 项目的第二阶段于 1991 年的夏天开始，使用了一架改装很多的 HARV 飞机来满足新的试验任务要求。

在每个发动机喷口周围的机体上安装了三块折流板。这种装置可偏转飞机的喷气流，当气动控制装置不可用或比预期的效率低时，以产生俯仰和偏航力来增强飞机在大迎角时的机动性。另外，发动机的外部排气管被拆除，使折流板向外伸展的距离减少了 2 ft。这种独特的推力矢量改装致使飞机无法进行超声速飞行。这个系统使飞机的质量增加了两千多磅。

这种改装使 HARV 在大迎角时更有效了，飞行迎角几乎达到了 70°。因为飞机可以在大迎角时坚持更长的时间，就可以收集更多的数据。

包线扩展飞行于 1992 年 2 月完成。所演示的飞机性能包括在 70°迎角时的稳定飞行，这比以前的 55°增大了 15°，可以在 65°迎角时进行滚转。这阶段试飞于 1993 年晚些时候结束。

1994 年早期，开始了这个项目的最后一个阶段，完成了 HARV 试验机的其他改装，其中包括增加可动边条，

飞机的大迎角机动能力在 20 世纪 90 年代受到高度重视——HARV 项目是 NASA 的一个多任务项目（NASA 提供照片）。

这些边条安装在机头两侧,增强飞机在大迎角时的偏航控制。4 ft 长、6 in 宽的边条被铰接在机身的一侧,与机身的前侧齐平安装。

　　飞机在小迎角的时候,边条折叠,与飞机的蒙皮齐平,而在较大迎角时伸出,以便与沿着机头所产生的涡流相互作用。这样就产生了可增强控制的大侧力。早期的研究表明,在小迎角的时候,机身边条与方向舵作用一样。

大迎角改装主要在 F/A-18 的后机身,这张照片上可以清楚地看见这一点(NASA 提供照片)。

F/A－18 系统研究飞行试验台

飞机型号:F/A－18
任务:先进控制系统试验
使用期:1993 年到 20 世纪 90 年代中期
负责机构:NASA 德莱顿飞行研究中心,NASA 刘易斯飞行研究中心,美国海军
承包商:麦道飞机公司

　　F/A－18 SRA(系统研究机)参与了 NASA 的许多试验项目,其中最重要的项目是光传飞控概念的一系列试验。使用光传飞控系统能使飞机的控制和监控更有效,而且还能减轻质量,提高燃油效率。

　　SRA 飞行试验台的初始飞行表明几种光纤传感器的工作是成功的,包括方向舵位置传感器、方向舵脚蹬位置传感器、前缘襟翼位置传感器、前轮操纵传感器、总压和大气数据温度传感器等。

　　SRA 的研究开始于 1993 年,项目名称为"光纤控制系统综合(FOCSI)项目"。这个项目的目的是评估光纤发动机控制装置,为未来的运输机安装部分光纤或光传操纵和发动机控制系统打好基础。FOCSI 项目的另一部分是评估被动光学传感器和光纤数据链。

　　这架专门改装的 NASA F/A－18 飞机用于试验最新和最先进的系统技术。1993 年 5 月,在加州爱德华空军基地的德莱顿飞行研究中心进行了首飞(NASA 提供照片)。

F/A-18 SRA 飞机评估多种有利于民用和军用飞机的技术（NASA 提供照片）。

使用 SRA 飞机进行 FOCSI 试验的目的是发展光纤系统——小束光传导电缆。这种电缆比现在飞机上所使用的铜线质量更轻，占用的空间更少。

SRA 的总工程师达林·莫赛尔·科奈尔先生解释说："在合适的地方更换掉铜线，为在飞机各部分之间传输指令和数据提供了一种不可"想象"的能力。FOCSI 飞行试验将帮助研制在未来飞机的飞行控制装置间传送信号的光纤部件。"

在运输类飞机上使用光纤控制系统，能够减轻很大的质量，而且能节约大量燃油。铜电缆不仅比光纤重，还必须对它们进行屏蔽，防止铜线意外发射出电信号，造成干扰。

除了外部标识之外，这架 F/A-18 飞行试验台与作战型 F/A-18 飞机没有任何差别（NASA 提供照片）。

　　光传操纵系统还具有许多其他优势：①减少信号的泄漏；②降低飞机的鉴定费用；③消除了起火源，提高了飞机的安全性。

　　F/A-18 飞行试验台进行了大量测试改装，包括：①在左后缘和右前缘加装了传感器；②在方向舵和左安定面上加装了传感器；③在发动机推力杆上加装了传感器。另外，还增加了测量飞机俯仰控制杆、方向舵脚蹬和前轮位置等的传感器。

　　这个项目的另一个阶段是对通用电气公司的 F404 动力装置安装了许多传感器。这些传感器监测风扇速度、进气道温度、核心机速度、压气机进气道温度以及涡轮排气温度等。FOCSI 项目的光学发动机控制部分预计在 20 世纪 90 年代的中期启动。

　　从 FOCSI 项目获得的经验将应用到光纤传感器的研制中，而这些光纤传感器用来控制方向舵作动器和飞行关键全动平尾作动器，这些工作要在 1995 财政年度的晚些时候进行。

　　FOSCI 是电传操纵/电传动力（FBW/PBW）项目的一个部分，而它本身又是"NASA 先进亚声速技术"的一个部分。

　　后来的"多电飞机项目"也利用了 SRA 飞行试验台，这是空军研究飞机控制系统的一个项目，在这种控制系统中舵面的运动由电机操纵，而不是用液压系统。

　　该项目总工程师约耳·西兹解释说："这个概念带来的好处包括，减少地面维护设备 30%～50%，减少油耗 5%～9%，减少商用班机的起飞质量 600～1 000 lb。"

　　围绕这架飞行试验台制定了非常饱满的研究项目计划，SRA 飞行试验台在整个 20 世纪 90 年代都非常忙碌，而且也获得了大量研究成果。

F-102 低升阻比飞行试验台

飞机型号:F-102A
任务:低升阻比概念试验
时间周期:20 世纪 60 年代
负责机构:NASA 德莱顿飞行研究中心

这架 F-102A"三角剑"如果不是第一架进行低升阻比(L/D)性能研究的飞行试验台,也是很早的一架。许多其他高性能飞机(如下文介绍的 F-104 试验台)后来继续进行这方面试验,但初始标准却是这架飞行试验台确定的。

为了完成要求的试验,这架飞机改装了一块较大的减速板,进行以下项目研究:

X-20 DynaSoar 动力滑翔项目

与 F5D 空中枪手飞行试验台一样,20 世纪 60 年代早期,F-102 也被用于 X-20 动力滑翔航天滑翔机的着陆-进场模拟试验。评估了绕场进场着陆和直接进场着陆航线,获得了同样积极的结论。

飞行员们认为,绕场进场着陆航线与直接进场着陆航线相比,在跑道端头的定位更精确。在项目中所检查的升阻比在 2～4 的范围内,在较低的升阻比条件下使用这个飞行试验台极为有效。这是因为 F-102 的翼载非常低。

X-15 项目

低升阻比飞行好处的首次研究是由这架 F-102 三角翼战斗机完成的(NASA 提供照片)。

与很多 NASA 的其他飞行试验台一样,这架 F-102 也用于带有火箭动力的航天飞机的着陆和进场模拟试验。这架 F-102 飞行试验台被用来建立 X-15 的着陆航线和训练飞行员执行正确的着陆程序。

NASA F-104 飞行试验台

飞机型号:各种型号的 F-104"星"战斗机

任务:多种任务

时间周期:20 世纪 50 年代到 20 世纪 90 年代

负责机构:NASA 德莱顿飞行研究中心

承包商:洛克希德飞机公司

  1994 年,在 NASA 德莱顿飞行研究中心为 F-104 飞行试验台机群举行了服役 37 周年庆典,在这 37 年中,这些试验飞机累计飞行了 18 000 架次。尾号为 961(后来重新编号为 818)的 F-104 飞机在 NASA 的第一次飞行,标志着这种飞机长期研究和保障飞行的开端。在过去的岁月中,多功能"星"飞行试验台飞行过每一种能想象到的任务。

  在不同时期,共有 11 架 F-104 参加各种试飞任务。德莱顿飞行研究中心用这种飞机开展基本的高速和生物医学研究,并利用它们开展 X-15 和其他升力体项目的空中模拟研究。820 号 F-104 飞机曾创下一年飞行了 100 多架次的纪录。这些飞机参与完成的重大试验项目主要包括:

  低升阻比进场和着陆试验

  20 世纪 50 年代后期,一架 F-104A 被用来模拟低升阻比进场和着陆技术。通过恰当规划推力和阻力产生装置,实现了最大为 2.8 的升阻比及 75 lbf/ft² 的翼载。

这两架 NASA 的 F-104 飞行试验台长期进行低升阻比的飞行试验研究(NASA 提供照片)。

您要相信，NASA 喜欢用 F－104 作为试验飞机。照片中为编队飞行的 F－104 机群（NASA 提供照片）。

826 号 F-104 现在退役了，其最后的任务是试验隔热瓦（NASA 提供照片）。

X-15 进场和着陆

一架 F-104A 飞行试验台被用来模拟 X-15 火箭助推飞机的着陆和进场阶段。X-15 是一架低升阻比飞机，只能以非常高的速度着陆。因此，确定着陆航线并训练飞行员执行正确的程序至关重要。

几架其他 F-104 被用来评估在模拟的 X-15 任务条件下的绕场和直接进场程序。用"星"空中实验室所获得的经验表明，大约为 2.5 的升阻比是飞机可以安全着陆的可行下限。

进场和着陆能见度试验

20 世纪 60 年代，F-104 被用来研究低升阻比飞机进场和着陆的能见度要求。第一次试验使用了一架 F-104B，采用间接观察系统，这种系统有两个广角重叠潜望镜，可以获得立体视觉。潜望镜安装在前后驾驶舱之间的舱盖上，图像显示给后座的评估飞行员。

在另一项能见度研究中，在飞机上安装其他试验设备，包括一台雷达高度仪。但是早期平显试验并不成功，飞行员发现所显示的信息不可靠。

第三次对 F-104 有限能见度的研究也是在 20 世纪 60 年代进行的，试验中，把前视野遮挡住，这样，飞行员就必须依赖于侧面窗子的视野进行着陆。试验结果表明，在着陆性能受到一定程度影响之前，可以把大部分的前视野遮挡。

TF-104G 试验台"星"参与了国家航空航天飞机项目（NASP）的试验。试验中，用直接进场方法对多种 NASP 的备选窗子进行了研究分析。在后来的研究中，这架飞机上安装了折叠镜光学观察系统（也是为 NASP 研制的），主要研究低升阻比进场和精确着陆。

反应控制系统试验

20 世纪 60 年代,在一架配备有测试设备的 YF - 104A 上安装了一个反应控制系统开展试验。安装这个系统是为了获得在低动压条件下使用喷气反应控制装置的飞行经验。后来还开展了试验,确定飞机在低动压条件下的着陆品质,这些着陆条件是 X - 15 项目中首先遇到的。

NF－104 航天飞机教练机

飞机型号:洛克希德 F－104A
任务:有人驾驶航天飞机过渡训练
使用期:1963 — 1971 年
负责机构:美国空军航空航天研究飞行员学校
承包商:洛克希德加州公司

　　20 世纪 60 年代,美国开始把航天飞行作为国家的优先项目。"水星"工程表明,人类可以在太空生存并执行重要的任务。X－15 是计划发展的第一架有翼航天飞机,它表明未来的航天飞机能在太空飞行,然后进行常规着陆。NF－104 航天教练机被用来训练试飞员,这些试飞员担负着把新一代航天飞机飞到轨道上去的重任,他们穿着全抗荷服,急剧爬升到100 000 ft高度,体验失重,并利用反作用控制来操纵飞机。

　　NF－104 由洛克希德 F－104A"星"飞机改装而成,洛克希德加州公司负责改装了三架这样的飞机。主要改装包括,在垂尾根部增加一台 6 000 lbf 推力的火箭发动机;在机头和每个翼尖上增加了反作用控制推进器;加大了垂尾,增加了翼展,增加了存放火箭燃料的油箱和全抗荷服装置,加装了火箭发动机控制系统,并改进了驾驶舱;拆除了航炮、火控系统、电子战设备和副油箱等。

NF－104 研究机现在静静地停放在爱德华空军基地的
空军试飞员学校门前(史蒂夫·马克曼拍摄)。

照片中的 NF－104 在火箭发动机的帮助下正在进行陡峭爬升（NASA 提供照片）。

　　NF－104 由爱德华空军基地的空军航空航天研究飞行员学校使用,这个学校后来被重新命名为美国空军试飞员学校。用 NF－104 训练飞行员的想法由宇航员弗兰克·鲍尔曼提出,1960 年他是这个学校的学员,而 1961 年他成为了一位教官。

　　洛克希德加州公司获得了改装这三架飞机的合同。第一次飞行于 1963 年 6 月完成。进行了大量的试验飞行,然后制订了学员的飞行课程。直到 1968 年 5 月飞机才正式投入使用。每个班上仅有几名学员享有飞行 NF－104 的特权,这种学员的总人数仅仅为 35 人。

　　在验收试飞中,NF－104 所达到的最大高度为 121 800 ft(约 37 100 m),由罗伯特·史密斯少校驾驶,当时的爬升角达到了 70°。考虑到安全因素,当学员试飞员飞行时,爬升角度被限制在 45°以下。

　　每名被选中执行这个项目的学员都要进行两次 NF－104 的飞行。典型的飞行教程是,用喷气动力起飞,爬升到 30 000 到 40 000 ft(约 9 150～12 200 m),加速到马赫数为 1.7～1.9,此时点燃火箭发动机,并抬起机头开始急剧爬升。大约两分钟之后,飞机达到 80 000 ft(约 24 400 m)。这时,喷气发动机熄灭,火箭发动机的燃料耗尽。现在,飞行员开始一个抛物线拱,达到最大飞行高度,此过程中,飞行员经历大约 1 min 的"失重",并利用侧杆点燃反应控制火箭来控制飞机的俯仰、滚转和偏航运动。进入较低高度后,飞行员重新起动喷气发动机并进行常规着陆。从滑行到着陆的整个过程大约持续 35 min,在整个过程中,飞行员一直穿着全抗荷服。

　　为了准备进行 NF－104 的飞行,每位学员必须在标准 F－104 上进行 5 次准备飞行。第一次飞行是熟悉抗荷服。飞机飞到高空,驾驶舱减压。这样,学员就可体验穿着全抗荷服飞行的感受。第二次飞行是与教官用双座 F－104 练习急剧爬升飞行。这些爬升均以 30°爬升角进行,最终要达到 70 000～80 000 ft 的最大飞行高度。第三次准备飞行是单飞,重复爬升机动飞行动作,但要把爬升角度增加到 45°,达到 90 000 ft 的最大飞行高度。

　　NF－104 的飞行历史上曾发生两次重大灾难。第一次发生在 1963 年 12 月 10 日,一架飞机毁损。当时身为航空航天研究飞行员学校校长的丘克·耶格上校(曾驾驶 X－1 首次突破音障,实现了人类历史上的首次超声速飞行)正在进行尝试打破飞行高度纪录的飞行。耶格作了一个 60°爬升角爬升,一分钟之后达到了最大高度 101 595 ft(约 30 966 m),飞机进入了不可控偏航和滚转运动。耶格无法改出飞机,最终在 8 500 ft(约 2 590 m)跳伞。他与弹射座椅分离后,座椅在他前面滑落,火箭发动机喷管击穿了他的面罩。又红又烫的喷管和头盔中的氧气燃起了火焰,烧灼了他的左脸和脖子,还点燃了几根伞绳。他用戴着手套的双手扑灭了火焰,左手也被烧伤,最终落地,入院治疗。

　　第二次事故发生在 1971 年 6 月 15 日,飞机由学员霍华德·汤普森驾驶。飞机在 35 000 ft 高度以 1.15 马赫数飞行时,汤普森尝试点燃火箭发动机时,但却听到巨大的爆炸声。伴航飞机飞行员报告，火箭发动机和一半方向舵不见了。汤普森利用常规喷气发动机飞回了爱德华空军基地并安全着陆。

这个项目最终被终止了，这是因为空军决定不再进行航天飞行训练，项目任务转交NASA。1971年12月，剩下的唯——架NF-104进行了最后一次飞行。这架飞机现在静静地停放在爱德华空军基地的空军试飞员学校的门前，机头45°朝上指向天空。

F－100,F－106 紊流研究飞行试验台

飞机型号:F－100,F－106
任务:评估紊流对飞行操纵的影响
使用期:20 世纪 60 年代后期
负责机构:美国空军/第 4950 试验联队

　　20 世纪 60 年代,由于涡流问题导致多架飞机发生坠机事故,美国空军决定就这方面问题开展专项试飞研究。位于莱特-帕特森空军基地的第 4950 试验联队开始了一个详尽的试验项目,使用多架装备大量测试设备的试验机开展研究。

F－106A 飞行试验台

　　初始试验使用一架改装的 F－106 来检查山脉附近低空阵风的频率和强度。一架安装

"粗野骑手"是人们给紊流试验项目起的名字,在 F－100 飞行试验台的尾部有一个标识(美国空军提供照片)。

了大量测试设备的 F－106A 从新墨西哥州柯克兰空军基地起飞,试验过程中,记录飞机的飞行时间、位置、天气和飞行员对话。大约进行了 50 多次飞行,总飞行时间为 89 h。这段试验表明,山脉附近的紊流很强,能够摧毁任何一种飞机。在未来的飞机设计中一定要把这个因素考虑进去。

F－100 飞行试验台

　　从 1967 年开始,第 4950 试验联队开始研究中空晴空紊流对飞行的影响,使用了一架安装了大量测试设备的 F－100 飞机。试验项目首先在美国西部的希尔空军基地周围的山区开展,然后又转移到美国东南部进行,最后在纽约地区的格里菲思空军基地进行。

　　除了研究晴空紊流之外,空军也对与雷暴相关的紊流进行了

在 F－100 紊流试验机的前段有一个特殊的探管,里面是侧滑和迎角传感器(美国空军提供照片)。

研究。因为飞机飞行得越来越快、越来越高,空军需要更多了解有关这些危险气象条件的信息。

国家严重风暴实验室(NSSL)与空军合作进行这项研究,使用了一架独特的 F - 100 飞机,这架飞机被称作"粗野骑手",飞机上有一匹弓背跃起的野马作为标识,象征着飞机正在穿过风暴。

20 世纪 60 年代,这架特殊的 F - 100 飞行试验台被用来进行紊流试验(美国空军提供照片)。

F - 111 TACT/AFTI 飞行试验台

飞机型号:通用动力公司 F - 111A
任务:新型机翼设计研究
使用期:1973 — 1989 年
负责机构:NASA 德莱顿飞行研究中心,空军飞行力学实验室
承包商:通用动力公司,波音公司

TACT 项目

在 NASA 德莱顿飞行研究中心用 F - 8 飞行试验台成功地完成了超临界机翼研究项目之后,空军和 NASA 德莱顿一致同意开展一项联合研究,试验这种新翼型的军事用途。这个研究项目叫做 TACT,表示跨声速飞机技术。一架 F - 111A 被选用作为飞行试验台,主要是因为这种飞机的可变后掠翼产生的试验数据,适用的机翼设计范围更大。

1972 年 2 月,空军向 NASA 德莱顿飞行研究中心提供了一架预生产型 F - 111,序列号为 63 - 9778。首先给飞机加装测试设备,然后进行了 24 架次数据采集飞行,获取飞机性能和气流方面的基线数据。这些数据将用来确定使用超临界机翼所获得的改进。这些数据采集飞行在 1972 年夏天和秋天进行,飞行高度达到 50 000 ft,飞行马赫数达到 2。

完成了 TACT 项目之后,在机翼上安装了翼套进行自然层流研究(NASA 提供照片)。

F-111 AFTI 飞行试验台的后视图（NASA 提供照片）。

在进行这些飞行的同时，通用动力公司制造了新机翼，采用了与 F-8 项目中试验的翼型相似的翼型，但所使用的机翼平台却与标准的 F-111 非常类似。到了 1973 年的早些时候，TACT／F-111 的原机翼被 NASA 德莱顿飞行研究中心的人员拆除，安装了新的右机翼。而新的左机翼则被运到了莱特-帕特森空军基地进行测试，然后再运到德莱顿飞行研究中心安装。

20 世纪 70 年代中期，对改装后的 TACT／F-111 进行了试飞。试飞证实了 F-8 项目所获得的试验结果，表明类似的试验结果可望运用到军事中。另外，因为试验是在各种机翼后掠角下进行的，设计人员获得了大量数据，这些数据可以帮助他们精确地预测未来的超临界翼型机翼的性能。

在 1979—1980 年期间，TACT／F-111 被用作试验台，进行自然层流研究。NASA 在过去的 20 年中已经进行了其他类似项目，证明了层流能极大改善机翼的效率并降低阻力。过去的这些研究是通过把气体吸附到机翼上以保持表面的流动平顺。自然层流则依赖于精确的翼型，而不是通过机械手段来保持气流流动平顺。

开展这项研究的时候并没有制造新机翼，而是在每个机翼上安装了一个 6 ft 宽翼套。翼套的表面材料是一层玻璃纤维，内芯是聚亚安酯泡沫。在右侧翼套上安装了传感器来测量各个点上的压力。开展这项试验的时候，机身上的 TACT 项目标识都被去掉了。虽然试验结果令人鼓舞，但试验翼套的宽度只有 6 ft，太窄了，当机翼大后掠角的时候，流过翼套的气流被机翼内侧的紊流所扰乱。

AFTI 项目

到了 TACT 项目的末期，选择 63-9778 号飞机进行另一项由飞行力学实验室与 NASA 德莱顿飞行研究中心联合负责的项目，即，先进战斗机技术集成（AFTI）项目。早期的滑翔机没有副翼进行滚转控制，但人们使用了钢缆来扭曲机翼。这种方法很简单，大大地减少了机翼内安装的机械部件的数量。但到了第二次世界大战时期,飞机设计要求尽量去掉飞机的外部支撑,这样机翼就必须更结实,因此,就不再使用简单的机翼扭曲机构。尽管这种方法很简单,也具有气动方面的一些优势,但在当时的历史条件下,也只能把它写入历史书中了。

然而,对历史书的解读使这种方法再次具备了活力——虽然它现在还行不通。由于飞机的速度越来越快,设计人员认识到,主要的阻力源是把副翼和襟翼连接到机翼上的铰链,以及这些控制面(副翼、襟翼和机翼)之间的间隙。确实,任何扰动了机翼表面气流的东西都会造成阻力。设计师们很明白,如果机翼光滑,而且可以弯曲,就能产生副翼和襟翼的功能。但是,人们没有办法弯曲或扭曲用铝蒙皮制作的机翼。

到了20世纪70年代,复合材料的应用获得了长足的进步。复合材料蒙皮具有所需的挠性和强度,抗裂化能力也和金属蒙皮相差无几。复合材料是用环氧黏合剂把金属或玻璃纤维黏结在一起制成的材料。如果把纤维方向进行特殊排列,复合材料的强度特性就可以满足特定结构要求。

波音公司获得了一个合同,设计和制造可变弯度机翼,并于1979年早些时候开始工作。翼型形状与TACT项目所使用的超临界机翼设计一样,也保留了相同的机翼翼盒。前缘襟翼采用单片襟翼形式,而整个后缘被一个三段后缘襟翼所替代。两个内侧段作为襟翼使用,而外侧段则作为副翼使用。蒙皮用一种玻璃纤维材料制作。尽管偏转各段的内部系统很复杂,但总体上,这种机翼的部件比标准F-111的机翼部件有所减少。

这种机翼称为"任务自适应机翼"。使用这种机翼的目的不仅仅是进行机动飞行,而且能在整个飞行过程中改变机翼的曲度,使机翼始终保持为最有效的形状,以提供最大的巡航效率。传统飞机的机翼仅仅在一个高度、空速和质量条件下是最有效的。对任何一架飞机来说,最终的机翼设计都是一个全面折中的结果,要考虑飞行任务的各个阶段,例如起飞、巡航、作战机动和着陆等。而每个阶段又都存在各种不同的内、外部载荷组合,而且质量也都不同。采用"任务自适应机翼"后,计算机就可以对机翼进行不断的重构,使机翼总是处于最佳状态——无论在哪个飞行阶段,都无需飞行员干预。

AFTI/F-111于1985年10月在德莱顿飞行研究中心进行了首飞,高度达到了15 000 ft,速度达到300 kn。这是这架飞机在4年半中的第一次飞行。到1986年7月,AFTI/F-111进行了第一次超声速飞行。第一阶段试飞26架次,通过手工设定襟翼位置收集数据,并确定在各种速度、高度和质量条件下的巡航性能。1986年一直在进行这些飞行。

第二阶段试飞中,用计算机控制机翼,计算机不断地自动调整机翼,保持最佳形状。在计算机中编入了四种自动模式,分别是:

· 机动曲度控制。根据速度和迎角的不同,计算机自动偏转前缘和后缘襟翼,保证飞机始终飞行在整个机动包线中。

这张 AFTI F-111 的照片表明,前缘平滑偏转,而后缘稍有偏转(NASA 提供照片)。

如果仔细观察机翼,就可发现超临界翼型的形状(NASA 提供照片)。

・巡航曲度控制。计算机不断地调整前缘和后缘襟翼,使阻力最小。这是一种"自适应模式",在这种模式下,不断地小量改变襟翼偏转,看看哪种设置可产生最大速度。这种想法很简单,无需用复杂的公式来确定最佳襟翼设置,这对于在任何质量、速度和高度条件下的任何一种飞机构型都适用。

・机动载荷控制。当一架飞机进行机动时,所产生的升力会造成机翼向上弯曲。经常出现这样的情况:在达到最大过载很早之前,弯曲载荷就达到了极限。弯曲是由机翼外段的升力造成的,这种弯曲必须通过机翼结构向内传递。为了减小弯曲,AFTI/F－111 的"副翼"都可在大的负载时向上偏转,这样,机翼的外侧段就产生不了多少升力。所失去的升力很轻易被机翼的其他部分弥补,但弯曲趋势却大大地减小了。这样一来,因为弯曲载荷大大地减小了,所以飞机就可以拉更大的过载而不会改变机翼的结构。

  ·机动性增强/阵风减小。在这种模式下,襟翼弯曲,再加上升降舵,使飞机能够比只用升降舵更快地上仰。另外,传感器确定飞机什么时候遭遇了阵风,并自动偏转舵面来克服阵风的影响。这样就实现了两个目的:第一,减小了飞行员的疲劳,尤其是低空飞行的时候;第二,使飞机成为更稳定的投放非制导武器的平台。

  AFTI/F－111 第二阶段的飞行于 1987 年 8 月开始,一直持续到 1988 年 10 月。总共完成了 59 架次,总飞行时间为 143 h。飞行试验结果表明,预测的所有性能均实现或者超越。验证的结果主要包括,航程增加了 25％;实用过载增大了 25％;过载峰值增大了 18％;机翼的维护小时数也减少了 35％,因为所有的机翼机构都密封在机翼中。

  TACT/AFTI F－111 项目相当成功,在完成了这些项目之后 TACT/AFTI F－111 退役了。1990 年 2 月起,这架试验飞机停放在爱德华空军基地的飞行试验博物馆进行展览。

空军运输飞行试验台

飞机型号:KC/C - 135,C - 141,C - 130和C - 131

任务:执行各种试验任务

使用期:20世纪50年代至今

负责机构:莱特–帕特森空军基地和爱德华空军基地第4950试验联队

多年来,美国空军第4950试验联队(最初驻扎在莱特–帕特森空军基地,后来转移到爱德华空军基地)以各种运输机为试验平台执行了大量飞行试验任务,这些试验运输机的机型主要包括KC - 135,C - 18,C - 141和C - 131等。第4950试验联队对这些飞机进行了改装,还为其他单位改装了一些飞机,执行试验任务,其中许多飞机的年龄可以追溯到20世纪50年代中期。

KC - 135A(55 - 3122)

自从1958年这架飞机来到第4950试验联队之后,它先后参加了十几个项目的试验。它最初是为研究电子对抗和试验新式发动机系统改装的。20世纪90年代,它参与了莱特实验室航电部负责的机载成像传输(ABIT)项目。

KC - 135A(55 - 3120)

生产的第三架KC - 135飞机(55 - 3120)一直作为研究和发展(R&D)飞机使用。其主要任务是红外信号分析。

这架KC—135K试验机试验新式发动机系统,在其生涯中是ABIT试验机(比尔·霍德尔拍摄)。

ARIA试验机是世界上最容易辨识的改装机型。许多波音707和KC - 135飞机都被改装成了EC - 18和EC - 135。图中这架独特的飞机是一架EC - 18试验机(美国空军提供照片)。

这张照片显示了 EC-18B ARIA 的构型。ARIA 概念是在 1968 年提出的(美国空军提供照片)。

其中的一个重要项目是把这架飞机改装成红外信号技术飞行试验机(FISTA),用以支持红外特性研究。飞机的绰号是"1号蒸汽喷气机",这是因为它使用注水动力装置。这架飞机所支持过的项目还有国防预研局(DARPA)的红外目标和背景项目、空军系统司令部的"凫蓝红宝石"项目、NASA 的"Hi-Camp"项目及战略空军司令部的"理发师"项目等。

DARPA 项目的目的是分析目标在空间出现时的背景,辅助设计航天探测系统。"凫蓝红宝石"项目是试验利用空间基红外热探测系统探测目标的可行性。"Hi-Camp"的任务是用一架带有红外探测器的 U-2 飞机,以相同速度,在比 FISTA 试验机高的高度上,进行与地面航迹投影相对应的飞行。在"理发师"任务中,FISTA KC-135 试验机的任务是分析地面车辆伪装的效果。

这架 C-135 飞行试验台的 LASERCOM 改装型用来在卫星与地面和空中用户之间传输数据(美国空军提供照片)。

左上图:这架 C-135 尾部上的"5"表示 1955，这架飞机(机载激光项目试验台)是这种型号中最老的一架飞机(比尔·霍德尔拍摄)。

右上图:通过机身顶部的双天线罩可以很容易地辨认出这架独特的飞机(比尔·霍德尔拍摄)。

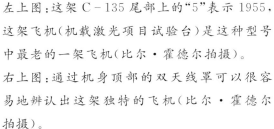

右图:机载激光项目空中实验室现在静静地停在空军博物馆中(比尔·霍德尔拍摄)。

1988 年,FISTA 试验机参与了巡航导弹试验的保障任务、F-16 红外试验任务和新式红外传感器的试验任务等。它还参与了 B-1B 和 F-15E 飞机的红外试验。1990 年,FISTA 捕捉到了 KC-10 和 KC-135R 加油机的红外信号。后来,还使用它采集了 F-117A 和 F-22 战斗机的红外数据。

KC-135(55-3132)

这是生产的第 15 架 KC-135 飞机,曾加装了大型的顶部和底部雷达天线罩,执行陆海空三军的干扰和电子对抗试验。

ARIA 试验机

世界上最容易识别的试验机就是带有球根状机头的先进靶场测量飞机(ARIA)空中遥测平台。这个奇怪的机群中有 EC-135 和 EC-18 飞机。

ARIA 于 1968 年研制,在阿波罗登月计划中,作为 NASA 宇航员和休斯敦控制中心之间的一个中继平台,用于接收、记录和中继遥测数据和传送声音。从那以后,对许多这种飞机进行了改装,支持国防部和 NASA 各种各样的任务。ARIA 参与了很多任务,包括有人和无人航天任务、巡航导弹试验、陆军和海军的弹道导弹发射以及先进中程空对空导弹试验等。还改装了其他 ARIA,用以支持声呐浮标导弹撞击定位系统的试验。

令人感兴趣的是后来多架 ARIA 飞机的来源:1982 年从美国航空公司购买了 6 架商用 707-320 客机,命名为 C-18,这标志着第一次采购商用飞机用于试验目的。

KC - 138A(12622)五颗卫星通讯项目

这架独特的 KC - 135 在 20 世纪 70 年代晚期改装,与五颗卫星同时进行传送试验。飞机配有多台接收机,接收机以各种频率工作,进行多卫星试验。

除了在飞机内部增加了许多机载电子设备之外,在这架飞机机翼上方的机身顶部还加装了一个大型黑色雷达天线罩。在过去的岁月中,这架飞机参与了多个试验项目。

C - 135(00377)

激光通讯项目是第 4950 试验联队利用改装型飞机完成的最大的项目之一。在 20 世纪 70 年代后期的两年中,超过 200 名试验联队的人员参与了飞机结构改装,对用于在卫星与地面和空中用户之间传送大量数据的激光器进行飞行试验。

激光通讯 C - 135 试验机的改装包括,在货舱门开设激光出射口;在载货舱内安装光电设备或激光器,激光器周围安装了防护罩,以及五个设备台架。最主要的改装在舱门处,以便安装直径为 30 in 的"龙眼"。舱门被拆除,并重新制造,开设了激光窗,完成装配之后,进行了压力试验,以保证飞行安全。

激光通讯项目有三个阶段,持续到 20 世纪 80 年代早期。该项目验证了较低数据传输率用户之间通讯(主要是大量的航天飞机、飞机、水面船只和地面用户之间)的可行性。

C - 135(53123)

空军高能激光器(HEL)项目于 1973 年启动,由机载激光器实验室(ALL)负责。这是一架加装了大量测试设备的 KC - 135。试验激光器的安装需要对飞机的主要部分进行重新设计和改装,包括在飞机的地板和天花板上加工大量安装孔。

这个项目演示了机载激光器能够摧毁空中目标。由于这架试验飞机的改装量非常大,所以在项目结束后,飞机就退役了。飞机目前在俄亥俄州代顿市的美国空军博物馆展览。

NC - 141N(12779)

先进雷达试验台(ARTB)于 1990 年投入使用,作为一种适应性非常强的电子对抗试验平台使用。

对早期生产型"运输星"的机头进行了改装,可以安装多种可互换天线罩,包括 B - 1B,F - 15 和 F - 16 的天线罩。雷达系统由洛克希德公司航空部安装。

这架试验台可用于新型雷达系统性能试验与分析。开展现役雷达的改进试验与分析,这些工作不仅是实时的,而且成本很低。

根据 ARTB 相关负责人的说法,这个系统是空军最先进的测试系统,将用于试验 21 世纪新式飞机的集成系统。ARTB 试验飞机的机头紧后面的舱中有一个机载 APG - 63 雷达,在飞机的后部安装了一套雷达测试系统。

KC - 135"失重奇迹"飞行试验台

在人类行走在月球之上很久以前,宇航员就在这架 KC - 135 飞行试验台的货舱中飘来飘去了,这架飞机被称作为"失重奇迹"试验机。然而,经常驾驶这架飞机的人却称其为"呕吐彗星",其中原因不言而喻。实际上一共有三架执行太空模拟任务的这种改装飞机,它们主要在 20 世纪 60 年代执行试验任务。

模拟过程中,先使飞机进入浅俯冲,然后回转进入 45° 抬头爬升。当飞机达到爬升弧顶时,乘坐者就会经历大约 30 s 的失重。除了人类乘员试验之外,还试验了重力减小对登月设备(如月球车和月球摩托车)的影响。

在完成了这类模拟任务之后,这架试验飞机又被改成了其他构型。

C-130(50022)ASETS 试验台

1968 年,对这架 C-130 大力神飞机进行了重大改装,以便可以携带一个机载导引头鉴定试验系统,即 ASETS。

ASETS 系统用于试验与鉴定现在和未来的空对地导弹所使用的传感器和导引头。其原理与为导弹制导系统拍摄照片的空中相机相似,包括一个 2 000 lb 可收放的 5 轴精密回转塔和几台电子与数据记录设备。

对这架"大力神"的改装包括,在机腹加工了一个 58 in 直径的孔,安装一个蛤壳形门来关闭这个孔;在飞机的内部,安装了一套专用提升系统,在飞机升空后,这个提升系统可以把质量为 2 000 lb 的回转塔下放到孔中,在飞机着陆之前,把回转塔提升回机舱中。

回转塔可以伸出机腹下 40 in。这个改装很关键,因为必须要切开飞机的三个主框结构件,而且,飞机结构件增加了 400 lbf 载荷。

C-135(00371)"Have Lace"试验台

这架特殊的 C-135 由航空系统部负责,1986 年由第 4950 试验联队改装,执行"Have Lace"激光通讯试验任务。飞机侧面的图案在以前的试验中曾经使用过。

早期构型的机载激光项目试验机正在进行飞行试验(美国空军提供照片)。

这架早期型号的 C-141 运输机被改装成了先进雷达试验台(ARTB),可以安装几种不同的机头(美国空军提供照片)。

C-135(00372)

20 世纪 80 年代中期,这架 C-135E 被改装,执行一项卫星通讯任务,这个项目由空军航电实验室管理。飞机的改装包括,在飞机的货舱门上安装了一个大的光学窗口,在机身的顶部安装了一个光学天线罩,加装了一套光学设备防震系统,以及一套自动进行数据收集和空中分析的计算机系统。

C-135"开放天空"试验机(12674)

20 世纪 90 年代早期,一架 WC-135B(后来为 KC-135B)被改装成了 OC-135 试验机,其任务是支持在美国、加拿大、北大西洋公约组织和前华沙条约国的上空执行非武装空中观察飞行条约。

飞机的改装除了显而易见的外观改变之外,还加装了一台全景摄影机和三台分幅摄影机。飞机的改装于 1993 年 4 月完成,然后进行了一系列飞行试验。其他改装还包括,增加了一个辅助动力装置,机组人员行李舱,传感器操作员工作站,飞行跟踪工作站;升级了航电设备;增加了胶片保存舱等。

OC-135B 可以乘坐 38 人,包括飞行员、飞机维护人员、外国代表和现场检查机构(OSIA,该机构位于华盛顿杜勒斯国际机场)的人员。

C-141 电传操纵试验台

因为人们对电传操纵技术所表现出的兴趣,及这种技术在新一代飞机上的应用潜力(包括运输机),美国空军第 4950 试验联队对一架 C-141 进行了改装,来研究这种技术。

这个试验项目最终证明,运输机具备使用侧杆的能力。该项目的许多成果最后都应用到了 C-17 运输机上。

一架最著名的 KC-135 空中实验室被称作"失重奇迹",用于宇航员的失重训练(美国空军提供照片)。

这架 C-135E 试验台改装后执行卫星通讯试验任务,机上装有许多光学设备(美国空军提供照片)。

这架机身喷涂奇特的 C-135 参加了"Have Lace"激光通讯项目(美国空军提供照片)。

KC-135A(55-3128)结冰试验机

从远处看,这架 KC-135 飞机与标准的空军 KC-135 运输机机型没有什么差别,但这是一种假象。这架特殊的加油机(被称作 NKC-135)是进行军用和民用飞机空中结冰和防雨试验的国家财产。

但这架飞行试验台并不是第一架执行结冰试验的飞机。在 20 世纪 40 年代晚期,一架 C-54 运输机就被改装进行结冰试验。20 世纪 50 年代,还改装了 KB-50,KB-29 和 KC-97 等飞机,开展这方面的飞行试验,这些试验飞机全部由第 4950 试验联队的飞行试验部管理。

在选中 KC-135 之前,曾考虑把一架 B-47 喷气轰炸机改装成"结冰试验机"。最终,选择改装了一架 KC-135 和一架 C-130,作为结冰试验机使用。

"开放天空"C-135飞行试验台是20世纪90年代这种飞机的最新型号。这架复杂飞机的任务是为支持国际条约的履行而进行空中观察(美国空军提供照片)。

1964年,对这架KC-135进行了改装,用于模拟飞机结冰条件。飞机的空中加油伸缩管被改成了喷水装置,可产生自然界中各种大小的水珠。试验时,被试飞机紧跟在喷水管后面,而NKC-135负责喷水,这样就可以对被试飞机建立结冰条件,并对其防冰系统的有效性进行评估。雾化水的引气来自飞机的普惠动力装置。

C-135A(60-0371)SDI项目支持飞机

1986年,第4950试验联队使用一架NC-135A(称作光学诊断飞机,缩写为ODA)支持战略防御计划(即星球大战计划)(SDI)。

由于SDI项目的保密级别极高,试验联队的人员经常不知道试验的真正目的是什么。大多数情况下,机组人员只是按照飞行图飞行,按照SDI的指令操作设备,而对试验本身一无所知。

这架光学诊断飞机还支持了SDI的Delta 180试验。在这项试验任务中,ODA是4950试验联队三架参试飞机中的一架。当SDI宇宙飞船与Delta 180推进火箭的第二级分离时,ODA记录SDI宇宙飞船的数据。

最后,这架飞机被改装成了"阿尔戈斯(ARGUS)"构型,装备了一个高分辨率的摄影机,当然,这次试验的性质仍然高度机密。

ODA试验台还支持了NASA的空间项目,尤其是支持了航天飞机项目。1986年,由于"挑战者号"的损失,部分ODA任务中断。

在这架特殊飞机的早期试验生涯中,它还支持了机载激光实验室(ALL)项目。

C-135(61-2669)"斑点鲑鱼"试验机

这架KC-135被称作"斑点鲑鱼",分配给了第4950试验联队,参加了很多不同的试验项目,其中包括自动驾驶仪系统试验、自动导航系统试验、雷达评估试验,以及20世纪80年代中期的声控系统试验等。

20世纪70年代,美国联邦航空局(FAA)和私人企业用这架飞行试验台采集和处理导航信息,研究位置误差。20世纪70年代中期,该飞行试验台还被用来评估多种导航系统。

用"斑点鲑鱼"试验机评估过的其他系统还有环形激光陀螺(一种惯性导航系统,用激光束替代了旋转陀螺,不断地在多个内镜之间反射激光束)、安全飞行机翼剪切载荷项目、机翼剪切载荷警告系统、燃油重心水平提醒系统,以及自动油门系统等。

1988年,"斑点鲑鱼"进行了名为运输机驾驶舱航电系统增强项目的两次改装中的首次升级改装,改装最终花费了4 200万美元,包括换装了波音757/767的玻璃驾驶舱、一个基于阴极射线管的发动机指示和机组报警系统、一个全综合飞行管理系统和辅助动力装置。这些升级形成了KC-135航电系统现代化项目的航电结构基础。

1992年,"斑点鲑鱼"飞机转交空军飞行试验中心,在其服役的第30个年头仍旧是一架有价值的试验台。

值得注意的是,另外以"斑点"为绰号的飞机是"斑点米诺鱼"(T-39,62-44780),1974年开始进行研究和试验。1984年,一架C-21A(84-0098)成为了新的"斑点米诺鱼"试验台,一直服役到1991年。

C-131可充气轮胎飞行试验台

20世纪70年代早期,一架C-131飞行试验台安装了一个改装过的主起落架系统和可充气轮胎,可以在空中给轮胎充气或放气,充放气任务由安装在飞机上的压缩机和气动蓄压器完成。

放了气的轮胎占据的空间只有充满气的轮胎的一半或1/3。这样,从理论上讲,可以减小飞机的轮舱空间。

但是,这个项目在试验过程中遇到了许多问题,致使项目于1971年终止。

可充气轮胎项目。带有可充气/放气轮胎的C-131正在着陆(美国空军提供照片)。

结冰试验飞行试验台

飞机型号:多种型号的多发飞机和一种直升机

任务:飞机结冰试验

使用期:20 世纪 40 年代晚期至今

负责机构:美国空军第 4950 试验联队,海军空战中心

在过去的几十年中,对多架生产型飞机进行了改装,安装了相应设备,使它们能够在空中向被试飞机喷水,开展结冰飞行试验。主要包括:

早期尝试

20 世纪 40 年代晚期,对一架改进型 C-54 运输机进行了改装,在上面安装了一个螺旋桨结冰装置。但是,这种装置模拟大自然所产生的水珠的大小存在很多问题。在这期间,还设计了一些非常粗糙的喷水飞机,包括一架B-24。

这架 KB-29 的空中加油管中安装有结冰喷水系统(美国空军提供照片)。

这些试验机通过灭火水龙带和灭火水龙带上的喷嘴来喷水。

KB-29 轰炸机喷水机

在一架 KB-29 飞机上安装了一套更先进的喷水系统,这个喷水系统是在空中加油伸缩管端头安装了 T 形杆。在这个 T 形杆的每一端都有一排 3/16 in 的孔,水从这些孔中喷出形成水汽。这种装置可以模拟高空的晶体形成和低空的大雨条件。

C-130 运输机喷水机

20 世纪 60 年代,第 4950 试验联队使用一架 C-130 运输机开展试验,使结冰试验技术得到极大进展。这架喷水飞机上安装了一个雪橇装置,大大地提高了结冰模拟能力。另外,还采取了一种技术措施,为水汽喷嘴提供充足的热空气,保证喷水装置上不积冰。这架喷水试验机的主要任务是模拟低速结冰条件。

KC-135 加油机喷水机

同一个时期,还改装了一架 KC-135 加油机开展高速结冰试验。这架 KC-135 喷水机主要在速度 150～300 kn,高度 30 000 ft 以下开展试验。

这架 KC‐135 结冰试验机释放出一股结冰液体,检查被试飞机的结冰情况(美国空军提供照片)。

这张照片上可以清楚地看见这架 KC‐135 结冰试验机的喷水装置构造(美国空军提供照片)。

　　这架喷水机的喷水装置是一种独特的铝制圆形环和十字交叉杆,圆环和杆上装有喷嘴。喷嘴的设计多年来一直在改进,每一次改进都提高了效率。

　　对另一架 KC‐135 喷水机上的改装使用了飞机动力装置作为引气源,进行水雾化。

CH‐47 直升机喷水机

　　海军曾使用一架直升机结冰喷雾系统(HISS)开展结冰试验。这架喷水直升机是一架改装的 CH‐47。HISS 喷水试验机比一直使用的 KC‐135 喷水机更有效,这是因为它产生的水云更大。

KC - 135 翼梢小翼飞行试验台

飞机型号:KC - 135 加油机

任务:试验翼梢小翼对飞机性能的改善

使用期:20 世纪 70 年代晚期到 1981 年

负责机构:空军飞行力学实验室和 NASA(兰利研究中心和德莱顿飞行研究中心)

承包商:波音飞机公司

    20 世纪 70 年代,努力降低大型飞机的油耗成为需要优先解决的问题。空军和 NASA 联合发起了一个研究项目开展这方面的研究。在这个项目中,设计和制造了一种翼梢小翼,安装在空军的 KC - 135A 试验机上开展飞行试验,验证阻力的减小和油耗的降低情况。

    之所以选择 KC - 135 作为试验平台是因为它的机翼很容易改装,而且机翼的形状和足够大的尺寸使项目的试验数据可以应用到现在和未来的大型运输飞机上。

    用于试验的 KC - 135A 飞机是 1995 年生产的,序列号为 55 - 3129,是一架老飞机。波音公司负责翼梢小翼的制造和安装。试验翼梢小翼的设计应用了 NASA 兰利研究中心韦特孔巴博士的研究结果,他的研究结果于 1974 年公布。

    项目的总目标是确定翼梢小翼对试验机性能的影响,并积累试验数据,为以后 KC - 135加油机机群全部增装翼梢小翼选择合适的翼梢小翼构型。

    最令人感兴趣的是,改变翼梢小翼的倾斜角和安装角,可以使性能最佳,一共试验了三种安装位置。

    这张照片上的 KC - 135 飞行试验台安装了翼梢小翼。空军飞机从来不会考虑节油问题,但这个问题对于民用飞机却极为重要(美国空军提供照片)。

这个项目由空军飞行力学实验室管理,最初的目标是把飞机的巡航总阻力降低 8%。据估算,如果实现这个减阻目标,就整个 KC - 135 机群而言,每年就可节约大约 4 500×10^4 gal燃油。

与机翼端板不同(这是许多年前提出的,是减少阻力的一种手段),在进行翼梢小翼设计的时候也特别注意翼型的设计及局部气流条件,在进行机翼本身设计的时候就考虑了这些条件。

最大的翼梢小翼高 9.33 ft,顶部宽 1.92 ft,根部宽 6.07 ft,质量约为 296 lb,制造材料选择了铝合金,使用了标准的飞机制造技术。翼梢小翼的制造时间约为 16 个月。

小翼上安装了加速度计、应变仪和静压座。飞机及发动机上也增装了测试仪器,这样就可以在飞行中获得飞机的载荷、升力、阻力和稳定性数据。

在 NASA 的德莱顿飞行研究中心,波音公司制造的小翼和外翼板被安装在了 KC - 135试验机上。

1979 年 8 月 7 日,经过改装的这架加油机进行了两个多小时的首飞,飞行马赫数达到了 0.88,高度为 21 500 ft。在进行了 215 小时/55 个架次飞行试验之后,这个创新试验项目于 1981 年 4 月结束。试飞结果表明,飞机的飞行特性基本上没有改变,与初步分析和风洞试验结果非常吻合。

空军对试验结果进行了进一步分析,最终决定不对 KC - 135 机群进行翼梢小翼改进。虽然从来没有说明为什么不再继续这个项目(毫无疑问,经费是主要原因),但飞行试验结果已经证实了燃油节省达到了预期。

NASA/兰利(Langley)商用飞行试验台

飞机型号:塞斯纳 402B,塞斯纳空中之鹰,比奇 T-34C,派珀 PA-28RT,

盖茨·利尔喷气飞机

任务:各种任务

使用期:20 世纪 70 年代—

负责机构:NASA 兰利研究中心

塞斯纳 402B 公务机

这架飞机于 1982 年来到兰利研究中心,一直极为活跃地参加了许多任务。在头三年中,它参与了单独飞行员仪表飞行规则(IFR)的研究任务。1987—1988 年间,这架 402B 参加了乘坐品质研究。1989 年,这架试验飞机完成了最后一个试验项目,参加了航天飞机排气颗粒试验(SEPEX)任务。

这架 402B 试验台执行了许多不同的试验任务,从 1982 年起就在 NASA 兰利研究中心了(NASA 提供照片)。

塞斯纳 172K 空中之鹰

这架 172K 是兰利研究中心商用机群中最老的试验飞机之一,于 1972 年来到兰利研究中心。它参加了许多项目,但从 20 世纪 90 年代早期开始就不再使用了。

比奇 T-34C"涡轮导师"试验机

这架飞行试验台于 1978 年到达兰利研究中心,所执行的第一个大型试验项目是层流前缘翼套试验。后来在 20 世纪 80 年代,它还参与了 SEPEX 试验。这架试验机在 20 世纪 90 年代仍旧很活跃,在 1989 年期间参与了涡流探测试验。

派珀 PA-28RT 试验机

这架飞机于 20 世纪 70 年代晚期到达兰利研究中心,一直活跃到 20 世纪 90 年代中期。在 20 世纪 80 年代执行的试验包括失速/尾旋研究、翼尖涡研究和空中尾涡探测等。在 20 世纪 90 年代参与的项目还有红外涡流显示、压力带精确测量和滞止(驻点)参数传感器评估等项目。

NASA 兰利研究中心有许多飞行试验台,包括塞斯纳 402B,172 空中之鹰,
T-34C,PA-28RT 和利尔喷气等(NASA 提供照片)。

这架空中之鹰从 1972 年开始投入使用,照片
中的飞机机翼上粘贴有丝线线束,安装了前缘
翼套和两个测试仪器安装杆(NASA 提供照片)。

T-34 在 NASA 兰利研究中心进行层流
控制研究(NASA 提供照片)。

盖茨·利尔喷气试验机

    这架棱角分明的盖茨·利尔喷气飞机于 1984 年到达兰利研究中心,进行首个为期 5 年的层流试验研究项目。在 20 世纪 90 年代,这架利尔喷气飞机被用于测量与气象条件有关的空中电子场,确定触发闪电的传导条件。

    这架飞机还参加了多普勒全球速度计(DGV)试验。

这架 PA-2 飞行试验台的机翼上粘贴有丝线线束,安装了前缘翼套和两个测试仪器安装杆(NASA 提供照片)。

这架利尔喷气飞机执行层流试验。机身蒙皮上有几处没有喷漆,这在试验飞机上是常见的(NASA 提供照片)。

L‑100 高技术飞行试验台

飞机型号:洛克希德 L‑100‑20(商用 C‑130)
任务:战术空运研究和发展
使用期:1984 — 1993 年
负责机构:洛克希德航空系统公司

现代战术空运比起简单地在基地的跑道上进行短距起飞和着陆要复杂得多。战术空运任务需要在敌占区,在没有导航辅助设施的条件下进行长时间低空飞行,然后空投货物,或者在被炮弹炸毁的跑道上进行短距着陆。目的地可能没有任何着陆引导,而且可能被敌人的部队或危险的地形包围着。还有,可能要在夜间或恶劣天气中飞行。显然,执行这种任务困难重重。

洛克希德的高技术飞行试验台(HTTB)是一种空中实验室,以帮助确定和发展未来完成这种苛刻任务的飞机。它被用于确定对未来飞机和机组人员的要求,为发展各种系统提供一个空中平台,最后对各种系统进行集成、试验和改进,确保任务得以执行并减小飞行员的工作负荷。

HTTB 是从洛克希德的 382E/L‑100‑20(C‑130 大力神运输机的民用机型)发展而来的。洛克希德与 55 个设备供应商合作研制了这种飞机,而设备供应商则利用 HTTB 进一步发展自己的产品。研制一个执行特定功能的单件设备只是一个小问题,把每个单件设备与其他所有的设备集成为一个系统才是更大的挑战。

洛克希德对机体进行了许多改装,使 HTTB 能更好地执行战术空运任务。对机体的主要改装包括:

- 换装动力更强劲的发动机和螺旋桨;
- 加强了起落架,能够在不拉平着陆时吸收 10 ft/s 的下沉率;
- 采用双缝襟翼,增加低速时的升力,能够在接地或复飞后快速收回;
- 增大了副翼的弦长,在低速时有更好的滚转控制;
- 增加了机翼扰流板,在陡峭进场和跑道快速减速时减小升力;
- 采用弯曲前缘,在陡峭进场时获得更大的抬头姿态;
- 水平安定面向前伸展,改善襟翼放出情况下流过尾翼的气流;
- 加长了方向舵的弦长,改善低速偏航控制能力。

HTTB 的内部也做了一些改进,以便能够更好地执行战术空运任务。这些改进主要集中在飞控系统、航电设备和驾驶舱显示器等方面。

洛克希德的 HTTB 飞行试验台为战术空运概念开发了许多新技术（洛克希德提供照片）。

一个数字稳定和指令增强系统替代了标准的飞控系统。新系统使飞机在整个工作包线内更稳定，极大地减少了飞行员的工作负荷，使进场的飞行速度可以降低到 80 kn。

数字飞控计算机是一个三余度系统，通过一个光纤通讯链进行自己内部的通讯，以及与其他电子设备的通讯。

所有舵面都安装了高性能作动器。这些作动器可作为标准液压作动器工作，也可以以"电传操纵"模式工作，它们从数字飞控计算机直接接收电驱动信号。

使用平板显示器的"玻璃驾驶舱"替代了飞行员所使用的大多数机械仪表。先进的彩色视图帮助飞行员形象地了解自身的位置，要发生什么事情及其他重要的飞行和导航信息。之所以使用平板显示器是因为它们比老式的阴极管显示器更小、更轻，而且，大多数信息都可以在平显上显示，飞行员就可以把注意力集中在驾驶舱外。

使用了多种系统进行导航，这些系统都与显示系统集成在一起，包括三个惯性导航系统，一个 GPS，一个激光测距仪和一个前视红外雷达。红外图像可以重叠在平显上，上面有图形数据，在夜间给飞行员提供地形图像。

HTTB 配备有先进的数据记录系统，记录飞行性能数据。最多能以 2 600 次/s 的采样率记录 1 024 个不同的信号。这些数据也可通过遥测传送到地面站，工程师可在地面进行同步监视。如果在远处的基地工作，HTTB 带有一个活动遥测车，车上装有测试设备、记录器和显示器等。在到达了工作地之后，停放好之后作为活动数据监视和分析中心工作。

1986 — 1993 年,HTTB执行了许多研究项目,为战术空运研制了各种系统。1993 年 2 月 3 日,这架试验飞机在乔治亚州多宾斯的空军预备役基地进行了高速滑行试验。对新式作动器和电传操纵进行了试验。试验中,按计划关闭 1 号发动机,以确定自动方向舵控制系统是否可以保持飞机直线运动。但这项试验发生了意外,飞机在跑道上失去了控制,短暂升空后坠毁,惨剧造成了 7 名洛克希德的飞行试验人员丧生。

PA－30 孪生科曼奇(PA－30 Twin Comanche)飞行试验台

飞机型号:派珀公司 PA－30 孪生科曼奇

任务:通用试验保障

使用期:1967 年—

负责机构:NASA 德莱顿飞行研究中心

并非所有的飞行试验都必须在复杂、昂贵的高性能飞机上进行,使用"简单"飞行试验台开展试验的最好例子是 NASA 德莱顿飞行研究中心使用 PA－30 飞机开展的试验,这架飞行试验台通常被称之为孪生科曼奇。这架飞机于 1967 年购买,一直在服役,编号为 NASA 808。

购买 PA－30 最初是要研究通用航空飞机的操纵品质。大多数通用航空飞行员都不会考虑如何使飞机能够"感觉良好"。多数通用航空飞机的飞行都没有太大差别,偶尔出现一些小的偏差,而这对于多数飞行员来说是可以接受的。这种现象是因为每当一种新机型在市场上销售时,这种机型的飞行特性就已经被调整到可接受的范围之内。

这项研究工作的第一个阶段是对飞机进行广泛的分析,确定飞机的所有气动和操纵特性。为了完成这项工作,PA－30 首先被送到位于弗吉尼亚的 NASA 兰利研究中心,在全尺寸风洞中进行了风洞试验。然后进行了一系列试飞,在真实飞行环境中采集同类数据,对风洞数据和飞行试验数据进行相关性分析。这是 20 世纪 30 年代之后进行的第一次这样的比较分析。人们对飞行特性提出了许多建议,这些建议适用于所有类似尺寸的飞机。派珀公司充分利用了这次试验获得的一些有益结果(因为试验飞机是他们公司的一种飞机),并利用这些数据对后来生产的 PA－30 进行了改进。

PA－30 的试验生涯并没有就此结束,事实上,它的试验生涯才刚刚开始。由于高性能的军用和商用飞机开始使用先进的电子飞控技术来改进性能和扩展工作包线,PA－30 被用来研究这种技术在通用航空飞机上的应用潜力。研制了一种偏航阻尼器来减少令人讨厌的横向运动,并进行了试验,还有一种迎角显示器,使飞行员可以更精确地控制飞机的俯仰姿态和空速。

1969 年,在这架试验飞机上又增加了一个变稳系统,可以模拟多种飞行特性,并对未来飞机使用的两种控制装置进行了评估:速率指令和姿态指令控制系统。它们的工作原理是,当飞行员操纵驾驶盘时,计算机就会发出一个与驾驶盘偏转成比例的角速度或姿态指令。即将投产的新型军用飞机将会使用这些新式控制装置,因此,人们要研究这些新式控制装置在通用航空飞机上的应用潜力。

PA-30孪生科曼奇从20世纪60年代起就作为通用保障飞行试验台使用（NASA提供照片）。

1972年的早些时候,这架PA-30被用来帮助建立短距起飞和着陆(STOL)进场航线图。未来STOL飞机的最终进场飞行速度要比传统飞机低得多。由于STOL飞机还得在常规机场进行起降,其较低的进场速度会使它们与传统飞机在忙碌的机场上的混合使用与指挥非常困难。通过试验最终确定,STOL飞机采用带转弯的最终进场飞行航线,在跑道端头改平,是与采用又长又直的进场飞行航线的传统商用飞机混合使用机场的最好方法。

为了试验,研究人员把转弯和下降飞行轨迹航线图编程到了计算机中。利用雷达精确确定飞机的位置和高度,然后,计算机计算制导信号,指挥飞机飞行。这些信号传送给飞机,并以下滑道和定位信标操纵指针方式显示给飞行员。试验过程中,不断变化转弯半径和下降陡峭程度,以确定最好的组合。利用变稳系统可以改变飞机的飞行特性,显示各种飞行特性的飞机的进场飞行航线。

1972年晚些时候,PA-30开始执行另一个试验项目,目的是确定遥控飞机(RPV)地面控制站(飞行员在地面控制飞机飞行)的需求。开发这种技术是为了军事目的,以及高风险飞行试验。目前,RPV已经开始在军事上得到应用,RPV的飞行员通过自动驾驶仪操纵遥控飞机飞行,实际就是在系统中设定航向、姿态和空速等。而新技术可以使飞行员在地面驾驶舱模型中,通过驾驶杆、油门和飞行仪表对遥控飞机进行全面操纵,就像是坐在飞机上一样。研制了高速遥测系统(这种系统能把飞行员的所有指令发送给飞机,然后把飞机的飞行信息发送回地面），并进行了安装和试验，以验证这种遥控技术是可行的，而且是有价值的。在 PA-30 上安装了各种机载照相机，可以对各种焦距和视场进行试验。出于安全的目的，PA-30 试验机上搭载了一名飞行员，如果系统发生故障，或者如果遥控飞行员有困难的时候，他就可以接管飞机操纵。

1974 年晚些时候，开展了一项新的着陆研究项目，演示飞机在没有外界能见度的条件下进行着陆。高速飞行对飞机窗子的尺寸和位置有严格的限制。厚的窗子或舱盖太重，且不能承受太大的载荷，因此，周围的金属结构必须加强，这样就非常重，就进一步增加了总质量。如果未来的超声速飞机上没有窗子，飞机就会轻得多和结实得多。不幸的是，这又会给飞行员造成一个问题。

为了进行这项试验，在机身的顶部安装了一台电视摄像机，在左座飞行员的仪表板上安装了一个 5 ft×7 ft 的电视屏幕，用一块布帘遮挡所有外部视野。实际试验中，右座是安全飞行员，验证了完全依赖于仪表和电视图像进行着陆的可行性。在进一步的试验中，试验了一些飞行控制自动化（诸如自动油门控制）功能，以确定哪一种控制采用自动化可以最好地协助飞行员。

1984 年，PA-30 参与了遥控波音 720 受控撞击试验项目，负责该项目测试仪器的研制和试验。执行实际撞击飞行试验的试飞员坐在遥控飞行员的位置，利用 PA-30 体验进场飞行剖面。

1989 年，德莱顿飞行研究中心开始了一系列只使用推力进行飞行控制的研究。在这之前发生了许多客机事故，这些事故中，飞机的所有正常操纵都丧失了，飞行员只能使用发动机进行坠机着陆。只使用推力进行飞行控制的原理是，使所有发动机同时加速或减速，实现飞机的俯仰变化，非对称改变发动机推力实现滚转/偏航运动。那么就形成这样的情况：飞控计算机中的应急模式可以使飞行员继续利用驾驶盘飞行，但实际上，计算机会发出改变推力的指令来保持同级的操纵性。在用 PA-30 进行的初步试验中，验证了只使用推力可以进行俯仰控制，但进行着陆却很困难。后来，利用卡尔斯潘的利尔喷气和 NASA 的 F-15 进行的进一步试验证明这种概念有很大的希望。

这架经历丰富的 PA-30 试验机一直是 NASA 德莱顿飞行研究中心的富有活力和有价值的试验财产。它一次又一次的使用表明，用小型飞机可以进行既经济又可靠的研究和飞行试验。

"佩刀(Sabreliner)"超临界机翼飞行试验台

飞机型号:佩刀 60 型商务喷气机
任务:生产型超临界机翼研制
使用期:20 世纪 70 年代晚期
负责机构:洛克韦尔国际公司
承包商:雷兹贝克集团公司

　　20 世纪 70 年代,军用和民用界都对超级效能机翼产生了极大兴趣。洛克韦尔国际公司认为,这种技术可以改进其下一代商务喷气机(型号为 65)的性能。因此,启动了一个项目,利用一架改装的 60 型商务喷气机来证明这种概念的可行性。

　　20 世纪 70 年代晚期,位于华盛顿州西雅图市的雷兹贝克集团公司,完成了飞机的主要改装工作。改装工作包括,制造了一个达到生产质量的超临界机翼,这种机翼采用了全翼展固定钝前缘,替代了目前使用的前缘襟翼,增加了翼根部和翼尖的弦长,加装了机翼防失速翼刀和富勒襟翼。

　　翼展也增加了 6 ft,每侧机翼增加了 3 ft。总的气动包被称作"马克(Mark)五系统"。

　　除了气动方面的改装之外还有动力方面的改进,用盖瑞特公司的 TFE731-1 涡扇发动机替代了普惠的 JUT12A-8 发动机,还换装了格鲁门宇航公司的带有反推装置的发动机吊舱。

　　改装给这架飞行试验台增加了很大的质量,60 型飞机的质量约为 20 400 lb,而改装后的试验台质量达到 24 000 lb。这架飞行试验台由位于洛杉矶的洛克韦尔佩刀分厂制造。

　　改装后的飞行试验台于 1977 年 7 月首飞。整个试验项目持续了大约两年的时间,所获得的大部分技术成果都应用到了后面的 65 型商务喷气机上。

SR-71 飞行试验台

飞机型号:SR-71 黑鸟
任务:应用在需要高速航空飞行能力的试验项目中
使用期:20 世纪 90 年代
负责机构:NASA 德莱顿飞行研究中心
承包商:麦道飞机公司

SR-71 黑鸟是最著名的一种美国空军飞机。它的外形设计怪异,黑色喷涂寒气逼人,性能超群,令人难以置信。事实上,它总被神秘的色彩包裹着,因此,"黑鸟"这个名字也很容易理解。

多年来,SR-71 都以 3 马赫以上的飞行速度执行着精确的侦察任务,而且这种任务似乎还要执行很多年。但是在 1990 年,意外的事情发生了——黑鸟就要退役了。原因是这种飞机的维护费用太昂贵。

NASA 迅速意识到,一架这种高性能飞机将是一架伟大的飞行试验台,可以执行大量高速和高空试验任务。因此,NASA 就购买了三架这种飞机,并根据试验任务对它们进行了单独的改装。虽然我们没有对这种飞行试验台进行详细的介绍,但这些飞机所进行的试验台任务是值得介绍的。

用这种飞机执行了许多不同任务,其中包括试验新材料和新设计,携带望远镜和其他研究仪器飞到天空的"边缘"等。NASA 的科学家们对能够使用这种飞机进行试验个个都"垂涎欲滴"。

在 20 世纪 90 年代早期进行了一项有趣的试验,模拟美国计划发展的一种超声速客机在低空和慢速飞行时的性能,这种客机将在人员稠密地区的上空从超声速降低到亚声速。SR-71 在加利福尼亚沙漠的上空制造了多个音爆来评估可能会造成的影响。

另一项试验是对一个激光测量系统的试验,这种激光系统能为飞行员提供更精确的高度和空速数据。还有一项更大胆的计划:把模型连接在试验机上,形成一个空中模拟风洞。

还曾计划把 SR-71 作为空中科学观测站,携带可以往上看和往下看的照相机和仪器开展研究。

这三架飞机还被作为研究平台,模拟宇宙飞船的特性。这种方法比使用真的宇宙飞船便宜得多。

黑鸟的研制可以追溯到 20 世纪 60 年代,其性能足以令人目瞪口呆。它的每台质量为 3 t 的动力装置可以输出 35 000 lbf 的推力,能够在 85 000 ft 的高空把飞机加速到 3.2

马赫的速度。

计划用这种飞机开展的另外一项试验是光学大气数据系统试验。这种系统使用激光来测量气团中粒子的速度，而不像标准方法通过测量静压和皮托压力来获得大气数据。在开展光学大气数据系统试验的时候，喷气推进实验室计划"搭顺车"开展有关紫外线分光计的试验，用它来测量紫外线大气反向散射。这个项目预计持续 6 个月。

在 20 世纪 90 年代晚期，几家商业公司提出了一些要求，希望能借助这些试验机开展相关试验。摩托罗拉公司开展了一个通讯卫星试验项目，试验与地面的通讯链。马丁·玛利埃塔公司则要求在一架 SR－71 上安装一个微波成像系统开展试验研究。

1994 年，人们考虑把 SR－71 用作下一代导弹拦截系统的目标发射平台。

还有一项试验，计划使用三架 SR－71 中的一架携带和发射与"民兵"第三级推进器相匹配的目标系统。实际上，SR－71 作为机载发射系统平台的"第一级"。

随着试验的发展，这些 SR－71 飞机成为了史上最多产的飞行试验台。

迟到的醒悟——1995 年，空军宣布仍旧需要这些 SR－71 飞机，这三架"黑鸟"就被退回了空军。也可能有一天这些"黑鸟"又变回成了试验台，谁知道呢？

SR－71 被用作高空侦察机已经很多年了，但在它最近退役后，有三架"黑鸟"被转到了 NASA 作为空中试验台进行研究工作（NASA 提供照片）。

波音 737 场域构型飞机(TCV)飞行试验台

飞机型号:波音 737

任务:新飞机概念发展

使用期:20 世纪 70 年代晚期到 20 世纪 90 年代

使用机构:NASA 兰利研究中心

承包商:波音飞机公司

    在 NASA 历史上,这架波音 737 飞行试验台是使用的最多的研究机之一。到了 20 世纪 90 年代早期,这架飞机的累积试验时间已经达到了 3 000 h。有趣的是,这架特殊的波音 737 飞机竟是波音 737 运输机的原型试验机。

    这架飞行试验台实际上是波音公司和 NASA 从"垃圾场"捡回来的,随后把它改装成试验台。1974 年,这架飞行试验台转到了兰利研究中心。

    试验台的每一寸地方都被用上了。在机身的前部有一个微光电视系统,再往后在机身的里面是第二个驾驶舱(被称作研究驾驶舱)。在通常的乘客区域是一些电子设备,最重要的设备是可选控制接口、图像转换器、数据采集系统及飞行试验工程师站。在这架改装的波音 737 上没有付费乘客可以乘坐的地方。

一架经过大量改装的波音 737 飞机被设计为场域构型飞机(TCV),在机身内有一个完整的第二驾驶舱(NASA 提供照片)。

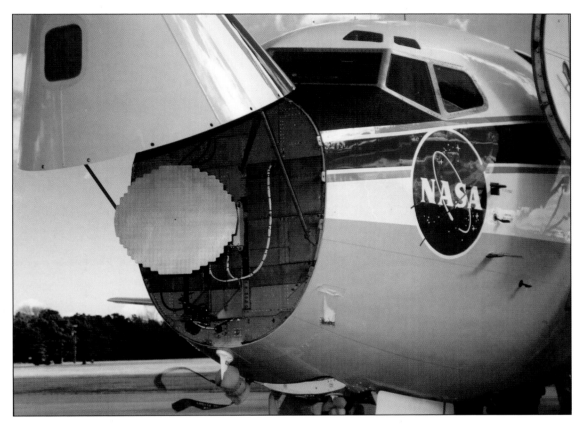

在场域构型飞机(TCV)天线罩的里面有一个雷达(NASA 提供照片)。

在过去的几年中，NASA 的 515 号飞机进行了多个试验项目。第一个项目(1975 — 1977 年)是 TCV，支持一种微波着陆系统的鉴定和演示。

在 1975 — 1985 年期间，TCV 参加了两个显示试验项目——速度矢量显示器和阴极射线管电子驾驶舱显示器和格式的设计，都是为了帮助飞行员完成他们的工作。

在 1983 — 1986 年期间，研究项目的重点是下降剖面和总能量控制律开发。1989 年还开展了一项重要工作——飞行员戴上装有显示器的头盔进行精确的人工着陆。

在 20 世纪 80 年代进行的 TCV 研究还表明，把飞机置于空中的某个点上是可能的。例如，置于下降阶段的开始点上。TCV 能够沿着使用最少燃油的航迹完成下降。这种技术也消除了要待在等待航线上的现象，这是因为可以精确地确定飞机的速度，飞机就可以在某个精确时间到达某个特定的位置。

NASA 解释说，TCV 最近的工作是"建立改善航线终点区能力和效率的程序，改善飞机在恶劣天气条件下(包括风切变)的进近和着陆性能，减少飞机噪声对公众的影响等。"

这种具有大容量和高性能的标准客机是其在多年中所执行过的任务中的最佳选择机型。大多数试验中的主要航迹部分包括了下降、航线终点区转场、进近及滑离跑道等。

当这架波音 737 飞行试验台执行试验任务时，真正驾驶飞机的是坐在研究驾驶舱内的试飞员，而坐在传统驾驶舱位置的飞行员则作为安全驾驶员，在发生任何故障时接管飞机操纵。

对 TCV 性能的需求在 20 世纪 70 年代晚期得到了强调——航班的延误使航空公司每年损失约五亿美元。人们建议解决这个问题的一种方法是使用时间来控制向机场的下降。

在一架"智能"飞机上增加一个先进的航电系统就能使空管员从对空中交通的主动测量变成被动测量。这就是为什么有了 TCV 项目，为什么要研究所需技术来精确和有效地获得所指定的时间目标。

TCV 飞机于 1994 年退役，很快就会被波音 757 飞机替代进行类似的研究。

波音 720 受控撞击演示飞行试验台

飞机机型:波音 720
任务:客机安全性改进
使用期:1984 年
负责机构:NASA 德莱顿飞行研究中心

　　飞机就是设计用来飞行的。有关飞机的一切都是为了使飞机飞上天空,在天空中安全飞行。当飞机的所有部件都按要求工作时,飞机的美丽就在天空中显现出来了。如果一架飞机的寿命到期了,没有用了,一般会把飞机熔化掉回收金属,或进行解体获得有用的零件。

　　在用帆作动力的战船时代,退役的战船一般会被拖到海里沉没掉,战船沉没过程中船体的颜色会四处漂泊,这是对一位"年老战士"所行的最后军礼。1984 年出现了现代的类似情景:一架陈旧的波音 720 客机在爱德华空军基地的沙漠上被故意坠毁。然而,这个举动的目的却不是在短暂的辉煌中结束一架客机的"生命",而是进行一项科学研究,帮助使未来的客机在坠毁时有更多的生存机会。

本页及下页的三张图:当波音 720CID 空中实验室在加州爱德华空军基地的坠毁试验场的地面滑行时引燃了大火,这是一个试验台偶尔要付出的最终代价。试验过程表明,飞机的左翼较低,撞上了障碍物,右翼脱落,飞机变成了一个火球。但是,特殊燃油的大火迅速地自灭了(NASA 提供照片)。

　　客机是旅行时最安全的交通工具,比家用轿车要安全许多倍。即便是在遭受诸如暴风雨这样严重气象条件的时候,客机也很少在飞行中发生灾难性的故障。大多数的事故都发生在飞机起飞和降落的阶段。如果飞机结构更结实,而且坠落之后的大火能被减少或避免的话,由事故造成的这些灾祸都是可以避免的。

NASA/波音 720 在真实坠机试验前所进行的一次起飞（NASA 提供照片）。

在联邦航空局（FAA）和 NASA 德莱顿飞行研究中心及兰利研究中心的共同努力下，进行了一次坠机试验，以帮助使未来的客机能够从坠机事故中生存下来。试验要对防雾化煤油（AMK）在客机上的使用进行评估。AMK 是一种不会立即蒸发的燃油，这样就不会在空气中燃烧。为了使这种燃油在发动机中燃烧，在燃油进入燃烧室的时候，特殊装置把燃油喷成微粒。这样，坠机后喷出的燃油就不会燃烧，从根本上消除了坠机后的火灾。试验还研究了坠机动力学的各个结构方面，确定各种部件是如何解体的，并研究了各种座椅限制设计。

为了进行这次试验，FAA 提供了一架 23 年机龄的波音 720 飞机，它曾经被用作训练飞机，总共飞行了 20 000 h 和 50 000 个起落。在这个项目中，它的编号是 NASA833。试验工作于 1983 年 7 月开始。NASA 德莱顿飞行研究中心的工程师们研制了一种遥控方法，飞行员可以在地面站驾驶飞机进行真实试验。NASA 兰利研究中心研制了一种综合仪表和数据记录系统。在乘客舱中一共安放了约 75 个假人，每个假人与真人的质量分布都是一样的。因此，坠机时的假人移动就可以更真实地反映真人的移动。给 13 个假人安装了测试仪器，并连接到了飞机的记录系统上。客舱中的几台摄像机记录了坠机时的假人移动。

坠机场地是一个经过专门准备的沙砾跑道，位于爱德华空军基地干湖湖床的无人区。在跑道的端头安装了几个设计用来把机翼撕开的大型机械结构。在真实的试验中，波音

720 飞机要在跑道的尽头紧前方处进行起落架收起的着陆，撞上这些结构，然后滑行停止。

在 1984 年晚些时候进行了几次初步飞行试验，试验飞机的遥控性能，练习向坠落场地的进场，以确保试验测试设备和记录系统工作正常。

1984 年 12 月 1 日，终于进行了真实的坠机试验。400 多名新闻记者在一个距离坠毁点约 4 mile 的安全位置观察了试验。当波音 720 朝着目标下降时，这架大型飞机轻微地摇晃着，左翼首先撞上了地面折断。然后飞机撞上了大型结构燃起大火。飞机在沙砾地上滑行的时候机头转动了约 90°，最后停了下来。尽管产生了壮观的火球，但大部分的火焰在几秒钟之内都自行熄灭了。那天晚上，NASA833 的最后几秒钟的图像在电视新闻上被播放了几千次，使这次试验成为了最为广泛观看的飞机飞行试验。

X-21A 层流控制项目飞行试验台

飞机型号:WB-665D

任务:大型飞机层流控制研究

使用期:1960-1964 年

负责机构:美国空军航空研究和发展指挥部

承包商:诺斯罗普公司

　　在过去的岁月中,X 飞机有一个很长的系列,但两架 X-21A 飞机却是仅有的不是从开始就要制造成试验机的飞机。在这个项目中,空中实验室是两架进行了广泛改装的美国空军 WB-66A 轰炸机,编号为 55-0408 和 55-0410。

　　这个项目"雄心勃勃",有许多重大目标,而最重要的目标是要为下一代使用层流控制(LFC)概念的飞机采集数据。

　　从 20 世纪 30 年代就开始对层流飞机的概念进行研究了,目的是使机翼表面的气流变得平滑。德国人在二战时期利用了不同的技术对这种概念进行了研究。在美国稍后改装了一架 F-94 来研究这个 LFC 概念。

　　X-21A 是唯一的一架不是从开始就要制造成"X"飞机的飞机。两架这种飞机都用 B-66 轰炸机改装而成(美国空军提供照片)。

不是所有飞行试验台的结局都是辉煌的,一架 X-21A 飞行试验台就这样被抛弃在荒漠中(NASA 提供照片)。

具有有效层流控制的飞机的好处很显著。例如,诺斯罗普公司对这架 X-21A 飞机的评估表明,飞机的平衡有效载荷(break-even payload)比飞机的正常构型的要低 8 000 lbf。

一种可飞行的 LFC 飞机应具有类似于正常飞机的起飞特性——即便是由于较低机翼载荷造成推力减少 25%。因此,为一架运行的飞机制造一个 LFC 系统的成本很高,但飞机的飞行效率很快就会补偿这些付出。

"雄心勃勃"的 X-21 项目于 1960 年开始,诺斯罗普公司获得了合同,把两架 WB-66 轰炸机改装成 X-21A 构型的飞机。改装量很大,飞机的机翼采用 30°后掠翼构型,机翼上有所谓的层流控制吸除槽。由于吸除槽的宽度仅有千分之几英寸,所以几乎看不见。

在吊舱中的压缩机提供吸除机翼表面附面层空气的动力。为了有助于研究,飞机的发动机位置改到了后机身。

最后,在机翼连接位置的机身顶部有一个"驼峰"帮助形成流态。人们希望,机翼上的气流所产生的紊流能减少 50%。

1963 年 5 月,第一架 X-21A 飞上了天。在同年的 8 月飞上天的第二架飞机与第一架飞机基本上相同,只有几个子系统不同。第二架飞机(55-0410)在整个项目期间也保持裸露金属的状态。

飞行试验证明,附面层控制是一种可行的概念,可大大地减少摩擦阻力,在机翼的内侧更有效,还增加了前缘翼刀来改善气流。最终的试验结果表明,LFC 效应覆盖了机翼顶部和底部的大约 3/4 的部分。当 LFC 系统工作时,试飞员能很明显地感觉到,当 LFC 不工作的时候,飞机的性能下降得很厉害。

正当 LFC 开始表现出作用时,它被更具燃油效率的喷气发动机技术超越了。然而,人们还是认真地考虑要在 C-141 运输星运输机上运用这个有效的概念。初步评估表明,在 C-141 上安装一个 LFC 系统可增加飞机的有效载荷 74%,或增加飞机的连续航程 50%。不幸的是,人们没有机会证实这种预测。

YF－23 载荷研究飞行试验台

飞机型号:YF－23 先进战术歼击机原型机
任务:研究载荷校准技术
使用期:1994 年—
负责机构:NASA 德莱顿飞行研究中心
承包商:诺斯罗普和麦道飞机公司

与较早的原型机 YF－16 一样(用于多种试验目的),YF－23 在 20 世纪 90 年代早期也用于试验项目。试验目的是研究载荷校准技术。

实际制造了两架 YF－23,但在这项试验中只使用其中一架这种先进的战斗机。这种由诺斯罗普和麦道飞机公司联合制造的飞机是赠给 NASA 德莱顿研究中心的,赠送协议由 NASA 和诺斯罗普飞机公司签署。

在进行试验之前需要对飞机进行彻底"解密"。这架飞机在先进战术歼击机(ATF)项目中与后来的赢家 YF－22 竞争的那个试验计划期间确实带有保密系统和保密子系统的编号。

这张照片为两架刚从机库移出来的 YF－23 飞机。其中的一架要用来研究应变片载荷校准技术,而另一架暂时还要放在机库中(NASA 提供照片)。

这架外形奇异的要被用作空中实验室的飞机是一架 YF-23 原型机,用来进行载荷试验。
这是它首次公开展示时的姿态(NASA 提供照片)。

在 ATF 竞争之后,两架 YF-23 原型机被放到了仓库中,计划中没有特别的任务。但事情总是这样,有了这个试验项目,YF-23 就是可满足试验要求的飞机。

在把飞机放入仓库之前,飞机上的设备都被彻底地拆除了,包括动力装置和所有的电子设备。

这个项目的目标是要改善现在的应变片校准方法的精度,应变片是用来测量飞机结构和部件载荷的。用地面试验所产生的数据来导出剪切、弯曲力矩和扭矩载荷的方程。在飞行的时候,飞机上所安装的所有应变片被用来帮助确定气动载荷。飞行载荷测量是飞行安全和飞机鉴定的一个重要部分,而这个项目就是要帮助完成这个目标。

YF-23 是完美的,似乎是从其制造的开始就是为完成这个试验任务的,因为飞机的复合材料结构代表了最新的飞机结构和材料。为了进行比较,人们还使用了一架使用了更多传统制造技术的 NASA 的 F-16 飞行试验台。

这个项目计划于 1994 年开始,试验工作预计持续 3~4 年。最终试验结果要公开发表,每个政府机构和航空航天的企业都能够得到。

毫无疑问,这两架原型机在以后的岁月中还会执行许多试验任务。

其他飞行试验台

这架 F-5E 空中实验室于 1987 年进行了一种复合材料起落架的试验,是美国空军"侵略者中队"的飞机。它完成的另一个试验是正常作战任务的一个部分(美国空军提供照片)。

这架 A-7D(还有 7 架其他作战型飞机)装有复合材料外机翼板(美国空军提供照片)。

前缘襟翼

后缘襟翼

增加机动性是这架 AS－7 飞行试验台改装的目标，在飞机上加装了前缘和后缘襟翼（美国空军提供照片）。

对一架安装了许多测试设备的 F－4 飞行试验台进行了试验，以确定飞机可以在多么粗糙的跑道上进行起降。这个项目被称作"蹦跳项目"（美国空军提供照片）。

这架 F-14A 飞行试验台加装了所谓的副翼-方向舵互连系统,研究新的大迎角飞行技术
(美国海军提供照片)。

在系统的早期试验中,F-16 空中实验室上安装了一个 LANTIRN 导航吊舱
(美国空军提供照片)。

使用了多个年头的 NASA F－106 正在进行一次飞行试验。请注意在后机身顶部的黑色附加物，试验功能未知。还请注意飞机没有军用标记，但在这架 NASA 空中实验室的后机身上有民用注册号。

您相信这是一架 F－80 飞行试验台吗？这架独特的飞行试验台研究躺卧驾驶飞机概念。因此，第二个舱盖是放在前面的（美国空军提供照片）。

这架任务繁忙的美国空军的 F－106 飞行试验台参加了许多项目，包括一个早期的综合火控项目。在机身的底部安装了一挺 M61A1 格林机关枪（美国空军提供照片）。

第三部分
改型原型机

  除了较为一般的模拟飞机和飞行试验台之外，还有另一类独特的研究飞机，必须包括在本书之中来讲述一个完整的故事。我们在这一章里要强调的是对一种生产型飞机进行改进（有时候是重大改进）形成一种完全新的飞机的原型机。毋庸置疑，利用已有的零件和部件可极大地降低这种飞机的制造成本。在当前飞机系统非常昂贵的时代，这种技术或许在未来会得到越来越广泛的应用。

  在这个领域，军方和工业部门共同发起的项目屡见不鲜。

  但是对这一类独特飞机必须进行个别的适度合格认定。并不总是建造一架原型机，有时有两架或三架，但是这个原则是相同的，因此将这些概念飞机收录到这一部分之中。

YA－7F(A－7＋)原型机

飞机型号:A－7D"海盗Ⅱ"
任务:新型战斗机原型机
使用期:1988 — 1990 年
负责机构:俄亥俄州莱特-帕特森空军基地莱特实验室
承包商:LTV 飞机产品集团公司

想法其实很简单,对已经列装的 A－7"海盗Ⅱ"近距空中支援飞机,增加武器发射能力和推力,生产一种低成本的飞机,更好地满足近距空中支援任务(CAS)需求。它的名字也非常恰当:A－7＋。

在飞机上增加的现代化设备包括前视红外(FLIR)设备、自动地形跟随系统、平显和新型武器发射计算机。此外,还为飞机增加了 LTV 飞机产品集团公司研制的低空夜间攻击(LANA)系统,加强其夜间攻击能力。

这就是经过重大改进的"海盗Ⅱ"战斗机,目的是满足近距空中支援任务需求,但未被选中(LTV 提供照片)。

　　机身的改动非常大:延长了前后机身段,增加了机翼边条,加长了垂尾,增加了后缘襟翼增强器、减升板、发动机舱尾锥和自动机动襟翼等。这些改动是专门为执行空对地任务,在前方的短跑道机场使用而设计的。

　　这种美国海军型"海盗Ⅱ"飞机被空军选中,改装成 YA－7F 原型机。美国空军型"海盗Ⅱ"飞机则用于进行实际改装(美国海军提供照片)。

　　YA－7F 喷涂的新图案很优雅。这是原型机飞行试验时拍摄的照片(LTV 提供照片)。

两架 YA-7F 原型机中的一架正在 LTV 飞机产品集团公司的厂房中组装（LTV 提供照片）。

换装了一种动力更大的新式发动机,在保持敏捷性的同时极大地增加了载重能力。A-7+机体增加的空间还可给新式动力装置提供更多的燃油。还有一个机身安装的辅助驱动装置可进行独立地面操作。为了航电设备的升级,对电气和环控系统进行了重新设计。

这种飞机的升级改进目标非常宏伟:①能够在 24 h 内,在没有加油机的条件下做好战斗准备;②改进地面装弹能力,最多可装载 17 380 lb 的多种弹药;③获得高性能并改善躲避威胁的能力;④达到非常高的射杀目标与自身损失比。虽然要求非常高,但承包商信心十足:肯定可以达到目标。

1987 年 5 月,LTV 飞机产品集团公司获得了价值为 13 300 万美元的合同,制造两架这种原型机。普惠公司负责提供 F100-220 发动机。

第一架 YA-7F 原型机于 1989 年在 LTV 飞机产品集团公司的达拉斯工厂进行了首

飞。LTV 飞机产品集团公司的试飞员吉姆·里德驾驶飞机飞行了 1 h 10 min。其他飞行试验在加州爱德华空军基地的空军试飞中心一直进行到 1990 年。

这个项目的最终目标是把列装的 335 架 A-7D 尽量升级。每架飞机的改装费用大约为 1 000 万美元,基本是新生产一架这种飞机费用的一半。

但 A-7+存在很多问题,最终不会实施这个升级计划。主要的原因可能是 A-7 的机身太老旧,国防部的官员们认为会造成其他问题。

F－16XL(F－16E)原型机

飞机型号:F－16"战隼"
任务:空中优势战斗机原型机
使用期:20世纪80年代早期到20世纪90年代中期
负责机构:美国空军航空系统分部(ASD)
承包商:通用动力公司沃斯堡分部

F－16XL是以F－16为基础为美国空军研制的一种多用途战斗机。虽然F－16XL的名称中仍旧带有F－16,但这架飞机与原来的F－16"战隼"有非常大的差别。这种飞机从20世纪80年代初开始研制至1990年结束。一共改造了两架(一架单座,一架双座,由空军提供两架F－16),主要改进集中在气动布局和系统技术方面。

两架F－16XL在结构上有很大的改变,采用了大后掠角三角翼,新型机翼的面积是原来F－16飞机机翼的两倍,达到646 ft²。单座F－16XL使用普惠公司的F100发动机为动力装置,双座型则采用GE公司的F110发动机为动力装置。机翼蒙皮使用石墨聚酰胺复合材料,满足强度和刚度要求。另外,机身也加长了56 in。改进后,飞机的载油量增加很多,比F－16原机型多82%。装载航电设备和传感器的空间也增加了40 ft³。

这架F－16XL飞机看上去不太像F－16,但蝙蝠外形却是从标准的F－16生产型飞机改装而成的(美国空军提供照片)。

这个机群最右边的是 F-16XL(美国空军提供照片)。

在性能方面,F-16XL 的起飞着陆距离仅有原来 F-16 的 2/3,武器载荷提高一倍,作战半径增加了 45%。研究表明,在执行空战任务时,F-16XL 可以携带 8 枚中程空对空导弹。在执行地面支援任务的时候,可携带 Mk82 炸弹和战术巡航导弹等武器。

这两架飞机都进行了试验,以决定是否作为 F-16E 投产。但在与新型的 F-15E 的竞争中不幸落选,F-15E 脱颖而出,最终批量生产。

1993 年,NASA 使用一架 F-16XL 支持它的高速研究(HSR)项目,在这个研究项目中,飞机喷涂了醒目的黑色和金黄色涂装(NASA 提供照片)。

F-16XL 的故事似乎可以了结了,但事情并非如此!外表独特的 F-16XL 原型机可以继续在研究领域发挥作用,它们参加了 NASA 的高超声速试验项目。1989 年,两架 F-16XL 转场到了加州爱德华空军基地的德莱顿飞行研究中心,飞机安装了试验性翼套,上面有数千个激光钻的微孔,与机身上的气泵相连接。

采取这种技术措施是为了在超声速飞行的时候在机翼上面形成持续的气流,明显减少阻力。层流研究是提高未来高速运输机飞行效率和减少油耗的一个重要步骤。

这架试验机还与 SR-71 飞行试验台一起参加了音爆评估试验。

1993 年,单座 F-16XL(编号为 849)喷涂了醒目的黑黄色图案,执行了许多新试验任务。在 20 世纪 90 年代中期的试验中,在飞机上增加了许多机翼附件,以增加升力。研究了两种不同的高升力襟翼和附面层吸除装置,通过机翼蒙皮上的微孔吸除附面层。

毫无疑问,这两架先进的飞机还要为新型战斗机的研制承担更多的研究任务。

F-16/79/101 原型机

飞机型号：F-16

任务：F-16 的换发型原型机，F-16/79 和 F-16/101

使用期：20 世纪 70 年代晚期到 20 世纪 80 年代早期

负责机构：通用动力公司（F-16/79）和美国空军（F-16/101）

承包商：通用动力公司沃斯堡分部

F-16/79

　　20 世纪 70 年代末期和 80 年代初期，通用动力公司为了满足第三世界国家对性能优越且价格低廉的战斗机的迫切需求，研制了一种 F-16 改型机，即 F-16/79。

　　F-16/79 采用了基本型 F-16 的机身，但动力装置却采用了推力较低的J79-GE-17X 发动机（18 000 lbf 推力），与标准 F-16 的普惠 F100（25 000 lbf 推力）发动机相比，动力有较大差距。另外，飞机的外形也有一些改变，机身加长了 2 ft，进气道也做了一些改进，更符合新动力装置的需求。这种机型的一个优势是可以与标准 F-16 在同一生产线上生产。另一个优势是许多潜在的用户国家已经有了 J79 系列发动机的维护和后勤保障系统，因为这些国家当时使用的 F-5，F-4 和 F-104 战斗机配装的都是 J79 系列发动机。

　　经过努力，使用一架 F-16B 进行改装，最终制造出了 F-16/79 战斗机原型机，这种战斗机的总质量比原来的 F-16 多了约 1 300 lb。

　　在 20 世纪 80 年代早期进行的飞行试验证明，飞机的性能与估计的一样，其爬升性能、转弯性能及航程都比标准的 F-16"战隼"低，但仍旧可满足目标用户的需要。

这架 F-16/79 改型机，配装的是 J-79 动力装置（美国空军提供照片）。

F-16/79 的正式飞行试验于 1981 年中期完成,在两个月的时间内共飞行了 76 架次,71 个飞行小时。试验表明,纵向稳定性、加速性和巡航性能都比预期好。

这个 F-16"战隼"的"后代"看上去一切都好,但事与愿违,尽管 F-16/79 的性能优于当时这些国家装备的战斗机(F-5,F-4 和 F-104 等),但所有的潜在用户国家对这种改型机没有什么兴趣,这些国家都希望获得配备标准 F100 发动机的正版 F-16,因此拒绝了 F-16/79,这个项目也就随即终止。

F-16/101

F-16/79 项目基本上是一个性能降级项目,而 F-16/101 项目却是一个换发项目,目的在于提高飞机的整体性能,这个项目计划使用通用电气的 F101 发动机替代现用的 F100 发动机。

照片中的编队飞机中间的那架颜色绚丽的 F-16 就是配装了 F101 发动机的 F-16/101 改型机原型(美国空军提供照片)。

在这个研究项目中使用了一架非常早期的 F-16 飞机,序列号为 50745,是多年前交给空军的第一架进行使用试验与鉴定(OT&E)的飞机。

F101 动力装置的研制始于 1979 年,试验于 1980 年 12 月开始。

时任美国空军航空系统分部项目经理的麦克·卡尔松解释说:"发动机试验证明 F101 可用于 F-16。在相当短的时间里,我们获得了 F101 DFE 配装 F-16 后的全部特性,包括操纵性、兼容性、安装效应和系统性能等。每名参与 F101 项目的人员都对这种发动机系统留下了深刻的印象。飞行员非常喜欢这种发动机的油门响应,而工程师们也都对这种发动机的耐久性和可操纵性留下了深刻的印象。"

整个 F-16/101 项目包括 58 架次飞行/75 个飞行小时。飞行试验中,对发动机进行了一系列试验,诸如油门收放和性能试验,包括稳定转弯、军用和最大功率爬升等。

基于 P－51"野马"的改型机(Mustang－Based Enforcer)

飞机型号:二战 P－51"野马"
任务:20 世纪 70 年代近距空中支援飞机的原型机
使用期:20 世纪 70 年代中期到 20 世纪 80 年代早期
负责机构:美国空军
承包商:大卫 B.林德赛先生领导的私人公司和派珀飞机公司

  P－51"野马"改型机是美国空军在 20 世纪 70 年代中期至 80 年代初期研制的一种近距支援攻击机。北美公司的 P－51"野马"曾经是二战中的一种优秀战斗机,这种飞机在朝鲜战争开始时还在继续使用,曾经在许多第三世界国家服役。就在人们认为其军事生涯应该结束时,林德赛先生认为,这种老式飞机进行重大改进后,在现代战场上仍然具有使用的潜力。这确实是一种非常大胆的想法!

  新式"野马"的最大不同就是动力装置,用阿弗克·莱康明公司的 T55－L－9 燃气涡轮发动机取代了老式活塞发动机。这不仅大大提高了飞机性能,也减少了尾气排放,降低了红外信号特征,减少了遭受导弹攻击的威胁。在机翼内隐藏有 6 挺 0.50 in 口径的机枪。

  该机还进行了许多现代化改装,包括采用了全铝合金结构和固态航电设备,改进了飞行员逃生能力,增加了冗余控制能力和机动性,飞行速度也有所提高。改造后的"野马"预计总质量为 14 000 lb,可携带两吨弹药。

这架飞机很像二战时期的 P－51,但它却是从老式 P－51 发展而来的改型机
(比尔·霍德尔拍摄)。

当林德赛购买他的第一架 F‑51D 飞机时，就对"野马"的改装产生了兴趣。然后成立了自己的公司(骑士飞机公司)，开始为民用市场重新改造"野马"飞机。他也为军事项目制造了许多先进的"骑士野马"飞机。印度尼西亚是这些改装"野马"飞机的用户之一。

老式和新式"野马"的最大不同是动力装置。改型"野马"采用了涡轮螺旋桨发动机(比尔·霍德尔拍摄)。

　　紧接着是与军方进行的较量。空军认为这种改型"野马"飞机经不起一发子弹的打击。林德赛则认为,这种改型飞机的主要优点在于它外形小巧,飞行噪声低,能够在低空高速接近敌人,发动攻击。与空军非常想要的 A－10 相比,其造价仅仅只有 A－10 的 1/4。

　　直到 20 世纪 80 年代的早期,空军才最终同意对这种改型"野马"进行试验,并投入了 1 200 万美元的试验和评估费用。但遗憾的是,该机虽然具有如人所愿的良好性能品质,却始终未获得生产权。

武装运输机项目原型机

飞机型号：C‐47,B‐57,C‐131,C‐130
任务：发展盘旋飞行飞机的有效侧向射击能力
使用期：20 世纪 60—70 年代
负责机构：美国空军
承包商：通用电气公司

在过去的岁月中,开展了许多武装运输机项目,使用了许多不同的飞机(大部分是运输型飞机)。以下是一些主要项目。

基于 C‐47 的项目

在 20 世纪 60 年代进行了最著名的侧向射击项目研究,一架标准 C‐47 运输机的机窗和舱门处装备了加特林机关枪。事实证明这个很简单的改进在越南战争中很有效,这种飞机被冠以"喷火神龙"的美誉。

为飞行速度较慢的运输机增加武装能力是空军军官罗纳德·特里少校提出的,他曾在南美任职。他注意到,在向偏远村庄投放邮件和物资的时候,经常采用一种简单的空投方式:从慢速飞行的飞机货舱门悬吊一根绳子,绳子末端绑着一个篮子,篮子里装着要投放的邮件和物资。飞机以陡峭转弯进行盘旋飞行,篮子一直停留在地面上空的一个相对固定的点上。

C‐130 武装运输机是用一架 C‐130 改装的试验机,由莱特‐帕特森空军基地的第 4950 试验联队负责(美国空军提供照片)。

这张照片显示了分别位于起落架上方和后方的机枪和航炮(比尔·霍德尔拍摄)。

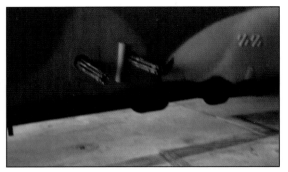

C-130武装运输机试验机上有一组加特林机关枪,位于起落架舱整流罩的前面。这架飞机可以在空军博物馆看到(比尔·霍德尔拍摄)。

特里把那根绳子想象成了一条射击线。运输机上的枪手可以顺着这条线瞄准地面目标实施侧向射击,而且只要飞机一直保持这种陡峭转弯盘旋飞行状态,就可以保持一直瞄准地面目标。后来当他去越南的时候,他注意到在那里经常进行局部战斗,他的想法很有意义。

C-47武装运输机试验机在越南的真实作战环境进行了一些试验。在最初的作战试验中,飞机与第一空中突击队一起参加了保卫由南越控制的19个要塞的战斗。

试验机上安装了三挺GAU-2/A加特林机枪,每挺机枪有六根旋转枪管,每分钟可射击6 000发子弹。机枪由位于佛蒙特州伯灵顿的通用电气公司武器分厂制造,而机枪座则由位于莱特-帕特森空军基地的航空系统分部实验车间制造。

基于 AC-130 的项目

从1967年开始,莱特-帕特森空军基地的第4950试验联队受命用一架C-130飞机演示侧向射击能力,作为C-47项目的后续项目。

为这个项目改装了一架C-130A,并在艾格林空军基地进行了试验。试验使用了一挺口径为40 mm的机枪、专用弹药和一个惯性瞄准系统。试验的目的是确定武器的精确性、弹药的有效性,并改进飞机的火控系统。在地面射击40 mm机枪的时候对飞机造成了一些损伤。造成损伤的原因是没有气流冷却,处于静态,以及飞机下面的水泥斜坡产生的影响。然而,这种系统的飞行试验证明这个概念是可行的。

之后不久,一个后续项目在AC-130武装运输机Ⅱ后续项目上进行。这次的改装构型又加装了一个前视红外(FLIR)系统,对目标进行快速定位和跟踪,还有一个计算机系统对风和偏移变化进行精确补偿。

武装运输机Ⅱ构型携带有4门20 mm航炮和4挺7.26 mm的机枪。"惊人的组合装置"是给另一架 AC-130 试验项目所起的名称。这架特殊的 AC-130A 带有"地面乌鸦"传感器,可定位地面上的潜在目标。这个系统最终在东南亚投入使用。事实证明它是打击地面目标极其有效的一种武器。

1971 年,还开展了一个项目,在一架 AC-130 原型机上安装一门大口径航炮。第 4950 试验联队试验了这个项目的可行性,并对安装了 105 mm 榴弹炮的飞机进行了飞行试验。试验还使用了 ECM(电子对抗措施)和照明弹给武装运输机提供保护。同样,试验证明了这种技术的有效性,这种技术很快就在东南亚投入了使用。

另外,还有一架 AC-130E 也被改装了,它使用了新式发动机,并开展了几个试验项目。试验了稳定性、操纵性及性能等,试验的目的是改善飞机遭受地面火力威胁时的生存能力。

1973 年,对一架 C-130 进行了最后改装。这次执行的是"地面幽灵Ⅱ"项目,采用的是一架 AC-130H 飞机。这个项目的主要目的是评估侧向射击对发动机整流罩的影响。飞行试验于 1973 年 1 月完成,共飞行了 50 个飞行小时。

试验结果表明,发动机整流罩的安装对飞机的稳定性和操纵性没有明显的影响。各种外挂物构型在有或没有整流罩的条件下都没有影响阻力数值。

基于 B-57 的项目

1969 年,使用一架 B-57 飞机开展了一个侧向射击项目。这个项目称为"PAVE GATE"项目,在 B-57 飞机上安装了加特林机关枪和炮塔。飞机上还安装了一个微光电视传感器。

试验中,记录了地面目标、对地攻击以及吊舱火控系统的数据,并在飞行评估中演示了技术和工程能力。验收试验于 1969 年 11 月完成。

基于 C-131 的项目

20 世纪 70 年代初期,第 4950 试验联队在一架 C-131B 的后机身下安装了一个电视摄像机罩,在右机翼的吊舱中安装了一个激光照明器。

安装这些设备的目的是要利用摄影机对地面目标进行定位。初步试验表明,摄像机罩产生的紊流导致机身强烈抖振。摄像机可以在没有环境光线的条件下,利用激光照明对目标进行拍摄。

F–15E"攻击鹰"(Strike Eagle)验证机原型机

飞机型号:YF–15B

任务:作为 F–15E"攻击鹰"验证机参与多项试验项目

使用期:20 世纪 80 年代早期到 90 年代早期

负责机构:美国空军

承包商:麦道飞机公司

这是制造的第二架 F–15B,编号为 YF–15B 71–291。它参加了多项试验研究任务。

飞机的编号中带有 Y,表明它是预生产型,是在 F–15 的研制试飞中使用的。后来对这架飞机进行了许多改装,成为 F–15E 的第一架代表。虽然它以 F–15 命名,但它基本上是一架全新式的飞机,称作"攻击鹰"。这架飞机实际上与 F–16XL 同期飞行,进行远距地面攻击机竞标。F–15E 胜出,随后就开始长期生产。

"攻击鹰"验证机有几种喷漆图案,这张照片中的是伪装色图案(美国空军提供照片)。

一架生产型 F–15B 被改装成了 F–15E"攻击鹰"验证机,照片中这架飞机挂载了全部空对地武器(麦道飞机公司提供照片)。

因为所有的 F-15E 都是双座构型的,所以这个项目选择 F-15B 或 F-15D 型都是合理的,而最终选择了 F-15B 型。在验证机上安装了先进的机身保形油箱,这种油箱将成为 F-15E 的标准配置。增加这种油箱后大大地增加了飞机的航程,每个油箱可装 400 gal 燃油,而它所产生的额外阻力又最小。

试验证明 F-15E 是一种非常有效的地面攻击机。项目完成后,这架试验机还参与了其他几个试验项目,包括 20 世纪 90 年代在莱特-帕特森空军基地进行的"山顶之鹰"项目。

F－18 的原型机 YF－17

飞机型号：YF－17
任务：F－18"大黄蜂"的原型机
使用期：20 世纪 70 年代
负责机构：美国海军
承包商：诺斯罗普飞机公司，麦道飞机公司

这是一件非常有趣的事情：一架飞机开始是作为一个空军项目的原型机。在竞争失败之后，它又成了一项成功的海军项目的原型机。

20 世纪 70 年代，诺斯罗普的 YF－17与通用动力公司的 YF－16展开了激烈竞争，竞标轻型战斗机项目。竞争异常激烈，通用动力公司最终获胜。当时，存在一种非常大的可能性，

艺术家眼中从 YF－17 原型试验机发展而来的 F－18"大黄蜂"战斗机（美国海军提供画作）。

就是这个项目的最终目标是生产一种美国空军和美国海军通用的战斗机。

但这只是一种设想，美国海军从自身角度出发不愿选择 F－16。这又是为什么呢？海军在一份报告中声明，海军的空战任务与 F－16 的空战任务有很大的不同，尤其是在航母上执行任务。海军认为，需要对 F－16 进行非常大的改动，才能适应海军任务需求，这样，飞机的性能就会大打折扣。另外，海军长期偏爱多发战斗机，而 YF－17 是双发，F－16 却是单发。

当然，各军种的目标都是想节约资金。但海军认为，用省钱的方法制造出一种并不需要的战斗机实际上是浪费。最终，海军说服决策机构，他们需要 YF－17 的改型飞机。显然，这种改型机就是 F－18。这个决策是正确的！F－18 已经证明了自己的价值。事实上，在 20 世纪 90 年代中期，还有几种先进机型（F/A－18E/F）也在考虑之中。

海军充分利用了与空军竞争时所积累的 YF－17 的飞行试验数据。后来，YF－17 原型机（当然带有海军的标识）继续以全新的 F－18 机型进行飞行试验。

很难确定这架带有新喷涂图案的飞机是否是原来的 YF－17 原型机，这架飞机专门用来研制舰载和陆基型 F－18。另外，这架飞机还被用来推销 F－18，它参加了 1976 年的范堡罗航展，这是这架飞机第一次在美国以外的国家飞行。

　　这个时期对于 YF-17 是很有趣的:它实际上是两个歼击机项目的原型机,在一个项目中失败了,却在另一个项目中获胜了。

　　在与美国空军轻型战斗机 YF-16 的竞争中,YF-17 被用作原型机。YF-17 在竞争中失败了,但又被用作海军 F/A-18 歼击机的试验机(美国空军提供照片)。

A - 37 原型机

飞机型号:T - 37 Tweety Bird 教练机
任务:A - 37 攻击机的原型机
使用期:20 世纪 60 年代
负责机构:美国空军航空系统分部
承包商:塞斯纳飞机公司

选择把教练机改装成低空攻击机似乎很奇怪,但是,这却发生在了 T - 37 教练机上。

初始生产型 T - 37 初级教练机的动力装置是两台大陆公司的 J69 - T - 25 涡喷发动机,每台推力 1 025 lbf,飞机速度为 350 mile/h,升限 35 000 ft。飞机可乘坐两名机组人员,最大起飞质量为 6 580 lb。

T - 37 在其漫长的服役生涯中经历过一系列改型。T - 37A 于 1955 年首飞,1957 年开始服役。之后,所有 T - 37A 都改成 B 构型。T - 37B 于 1959 年开始服役,安装了动力更大的发动机和新的无线电设备。随后,对该机加装了武器和翼尖油箱,成为 T - 37C。

之后又成了 T - 37D,在 T - 37D 的基础上改装成了 YAT - 37D - CE 构型,这种构型中的"CE"代表防暴乱的意思。这种型号安装了 6 个翼下挂架,动力装置更换为两台推力为 2 400 lbf 的 J85 - GE - 5 发动机。

发展仍在继续,直到 YA - 37A - CE,然后又被用作 A - 37"飞龙"的原型试验机进行了广泛试验。最终的生产型是 A - 37B,出现在 1967 年的 9 月份。这种机型总共制造了577 架。20 世纪 70 年代早期,一架这种原型机停放在德克萨斯州的洛克兰德空军基地。

T - 37(照片中的飞机)是几种不同攻击机的原型机(美国空军提供照片)。